大都會文化
METROPOLITAN CULTURE

大都會文化
METROPOLITAN CULTURE

活出競爭力

The Best Competitive Advantage in Career

黃麒倫◎著

讓未來再發光的4堂課

自序

告別經濟狀況充滿變化的二〇〇八年，慘澹的二〇〇九年，次級房貸風暴確實讓我們上了寶貴的一課，所有過去所信仰的生涯進階理論變得不再適用；大環境的急速變化讓我們歷經了一場震撼教育。當突然被迫離開公司之後，生活的保障在哪裡？你還有其他謀生的技能嗎？即使得以暫且存活在公司中，未來是否可以不在裁員名單中呢？

筆者從研究所畢業後，當完兵進入職場以來，曾一度專注於國家考試，想成為一個公務員，而從事土木工程這個行業一段時間之後，卻因為當時電子業的蓬勃發展，打消了成為公務員的念頭，反而做了職業生涯的大變動，從土木業轉行到電子業——就像從毛毛蟲轉變成蝴蝶一般，必須經過一段漫長的蛹期，剛開始從工廠端製程工程師做起，接著有機會到了規模持續發展中的新公司擔任產品企劃，後來被挖角到其他公司擔任產品經理，因緣際會到新創公司擔任專業經理人，進而有機會體驗創業的艱辛。

小公司資源比較短缺，為了節省成本，一人身兼數職，不但工作時間加長，假日有時也必須為了如期出貨或研發產品的問題而犧牲假期。帶領新創公司團隊求生存，這種壓力會比單純上班來得大，常會輾轉難眠，時間久了再強壯的身體也會出毛病。一旦遇到全球景氣的急速凍結，小公司更是首當其衝，老闆不堪虧損決定結束營業的那一刻，雖然不是很訝異，卻也讓我對於生涯有了新的認知——這一段時間，也讓自己如走馬燈般的忙碌步調緩了下來，開始思考自己人生的方向。

歷經了這一段讓我感觸良多，也體認到「生涯規劃」這個議題是人的一生當中相當重要的一門課題，如果能夠提早決定自己的方向，就可以減少因職業或專業轉換的時間損耗，進而累積更多專業的知識與資源；然而，面對這樣一個本世紀最嚴重的金融海嘯，即使在領域中累積了傑出的經驗與資歷，似乎也無法保證你可以安穩地保住自己的飯碗。

在就業服務站看到大排長龍的人潮，深深感受到過去我們對於努力認真工作，在組織中穩定升遷的信仰必須有所調整——在這變動快速的年代，除了擁有一技之長，還要培養多元技能，甚至對於生涯中的風險要更能敏銳地察覺與因應；而最基本也是最重要的是對於自己要有更深一層的認識，了解自己要的是什麼，同時設定適合自己的目標，並花時間充實自己，調整自己，以達成這樣的目標設定。

有些人會試圖從一些偉人與名人的傳記去尋找生涯規劃的答案，這些成功典範的精神確實值得學習與敬佩，但他們的成功除了努力與堅持外，有些也需要時機與運氣的支持——即使給你同樣條件，同樣努力，你也不一定能達到同樣的目標與結果，可能你和這些名人的人格特質就相去甚遠。所以觀照內心，了解自己並做出合適的生涯設定是相當重要的。

與其說，這是一本教你如何規劃生涯的書，倒不如說，這是一本教你如何找到自我的書，除了理性的說教之外，本書將著墨在多一點的感性分享，希望帶領讀者在這多變的年代，拾回信心，重新找到自己。

目錄 CONTENTS

第2堂課　重新觀照你的內心／64

目錄 CONTENTS

前言

回顧一九三〇年代的美國經濟大蕭條（The Great Depression），當時全球工業國家無一倖免，它可說是西方工業史上歷時最久、影響最深遠的一次經濟衰退。

當時的時空背景是在第一次世界大戰之後，那時美國的生產力居於世界之冠，然而貧富不均的狀況甚為嚴重，生產力提升所帶來的利潤，幾乎全部進了有錢人口袋，一般勞工薪資並未增加，也未能轉化成民生消費力量，造成有錢人的熱錢不斷往股市流動，助長泡沫經濟，而且享樂主義盛行，貪婪的氣氛瀰漫，多數人買房、買車、炒作股市，卻是靠著借貸以及高槓桿的財務操作而成，當經濟繁榮建立在信用過度擴張，泡沫化的危機也就跟著升高。

一九二九年開始，美國股市自高點連續下挫，引起全面恐慌，接下來的三年，股市一路破底；一九三二年底，道瓊指數距離一九二九年的高點重挫了八十％。投資者傾家蕩產，銀行及金融機構也受到重創。全美失業人口達一千五百萬人，占全體勞動力的四分之一，全美二萬五千家銀行有近半數倒閉。普遍的信心危機致使消費需求更形萎縮，生產停頓。

直到羅斯福就任新總統後，開始推行百日新政，紓困銀行，讓有償債能力的銀行儘速復業；並採行新的貨幣政策，讓美元貶值，提高出口競爭力；撥款州政府提供貧民救濟；訂定基本工資與最高工時，並擴大公共建設投資，增加就業機會，同時間也建立美國的社會福利、勞工保險，以及公共事業體系。

新政幫助美國走出大蕭條的危機，GNP從一九三三年的七百四十億美元增加到一九三九年的二千零五十億美元，失業率也從上任之初的25％降到一九四〇年的14％。

大蕭條在美國引爆後，迅速蔓延到全世界。一次大戰遺留下龐大的債務與賠款，迫使歐洲各國向美國舉債，歐美經濟連動性極高。美國經濟崩盤後，抽回投資和銀根，歐洲各國也跟著進入蕭條。受創最重的是向美國借貸最多的德國和英國。一九三二年，德國失業人口高達六百萬人，占勞動人口的25%。英國的工業與出口部門則一路走衰，到二次大戰後才恢復。

大部分的人可能沒有經歷過一九三〇年代的大蕭條，卻在有生之年遇到了自經濟大蕭條以來全球最嚴重的經濟衰退，而恰巧的是，這個罪魁禍首同樣源起於美國——次級房貸所引發的泡沫化效應，次級房貸的債務被過度化包裝，並以衍伸性金融商品的名義在全球銷售，因此如同骨牌般不斷地在世界各地引發連鎖效應。

美國經濟受到重創，失業率在二〇〇八年底已達到百分之七，領失業救濟金的人數達到將近四百萬人，繼經濟大蕭條以來創下歷史新高。

全球化浪潮將世界經濟更緊密地結合，雖然促進了全球資源的有效利用與合理配置，形成適當的國際分工體系，增進各國間金融和貿易的合作與交流；然而，另一方面，全球化也使得各國經濟連動程度升高；當某個國家出現問題，將連帶地影響到其他國家。

驗證過去的幾次金融危機，我們不得不正視這個議題一直存在著的影響。由於美國長久位居世界經濟中心的地位，與世界各國經濟連動程度之高是可以預期的；但是，就連經濟學家都難以預測這次金融海嘯會來得如此又急又快。當然，對於就業市場的衝擊，更是超乎想像地向全世界快速蔓延開來。

對於景氣復甦的時間點，許多專家與企業家並沒有一致的看法；然而就景氣復甦到就業市場的復甦，這兩者之間還是有一段時間差，所以不幸在這波衝擊中失去工作或是即將畢業的新鮮人，最好能有做長期抗戰的準備。

這次金融海嘯也顛覆了過去大家在職場上長久以來的信仰與憧憬，過去大家羨慕的金融與科技產業，這次受到嚴重的衝擊，不再是人人稱羨的金飯碗。眾所認定的明星產業，光環黯淡；明星學校、明星科系畢業的學生也不再炙手可熱，以往認為怎樣的生涯投資就會有相對的回報，變得不再是如此確定。

當生涯的路徑不再是「理所當然」；當你被迫離開公司保護下的「舒適圈」；當求職的過程變得要更花心思與接受更長的等待期，這樣的「生涯震撼教育」，不管對於新鮮人或是職場老鳥而言都是很大的衝擊。然而，這也是該停下腳步來好好反思自己生涯的時機，不管你走到生涯的哪一個點，你總要尋找一條出路，依個人所累積的生涯資產不同，每個人可以做的選擇也都不一樣。

很多人在過去穩定的生涯中第一次出現這樣的重大轉折，大多會慌了腳步，然而病急亂投醫的結果，對於生涯不但沒有幫助，反而衍生了更多的負擔；例如，有些人覺得既然找工作困難，在沒有充分準備下就開始創業，卻可能因為沒有經驗、人脈與充足的資金而導致失敗，不但燒光了積蓄，甚至還負債。

靜下心來想想未來的路是絕對必要的，而接下來的內容便可以給你具體的啟發與方向。

第 1 堂課

探索生涯的困境

全球的經濟景氣永遠都會有高潮與低潮循環，至少在你數十年的工作生涯中，遇上的這一次低潮期可能不會是今生的唯一。

次貸風暴所引發的連鎖效應，使得全世界消費緊縮，也造成很多企業的業務緊縮，必須進行減薪、休無薪假，甚至精簡人事、裁員等措施，以避免可用現金急速縮減的窘境，因此使得很多人面臨了前所未有的恐慌，甚至，過去人人稱羨的電子新貴，也面臨了一樣的處境，似乎除了公務人員之外，很多人都擔心公司營運是否會有問題，自己的工作是否不保，是否也在裁員名單之中。

在這景氣寒冬中，如何保有工作變成職場的顯學。然而，即使再傑出的人才，面臨公司經營出現問題，也無法避免失去工作的難題。過去我們對於努力工作，在職場穩定升遷的信仰不復存在；理想的生涯曲線是穩定的往上提升，職涯的成果應該是活得越久領得越多，然而目前的大環境重新給我們上了一課，對很多人而言，生涯的曲線開始出現巨幅的落差，甚至重新回到了出發點。

此外，大部分的人在職場上都會面臨到一些困境，例如公司文化、人際關係的摩擦以及上司的管理風格等，雖然這些問題困擾著大部分的人，然而在這就業不易的時機，如果能以比較淡且開闊的態度去面對這些問題，同時調整自己的心態去適應，並不見得是全然無法忍受的；再者，換個角度想想，或許這些問題不盡然來自於公司或週遭的同事，而是出現在自己的職場態度上，這個時機也是你可以好好思考、反省的時間點。其實，更值得關心的是長遠的方向與未來的個人競爭力的問題，這些是更需要花時間去思考的。

1.1 身處在變動快速的時代

近五百年來的近代歷史，從海洋時代到工業革命，新一輪世界產業革命浪潮持續在進行中。人類社會在經歷了採集經濟、農業經濟和工業經濟之後，世界經濟已面臨一種以全球化、資訊化、網路化和知識驅動為基本特徵的嶄新社會經濟形態，就是大家耳熟能詳的知識經濟。知識經濟是建構在知識及資訊的創新、擴散和應用之上，在某些層面上有別於傳統經濟的思維。

美國著名企業管理學者彼得杜拉克（Peter F. Drucker）說：「知識生產力已成為生產力、競爭力和經濟成就的關鍵。」

過去工業時代追求的是規模經濟，重要的競爭要素可能為土地、資金、設備、勞動力和自然資源等有形資產，但隨著世界經濟水平提升後，將知識及資訊的創新、激發、擴散和應用，與經濟發展結合，逐漸成為支持經濟向上提升的動力。研發創新，增加了產品及服務的附加價值；品管思維的創新，提高了產品的品質；製程的創新，降低了生產成本並提昇生產力。

過去，我們用錄音帶卡匣儲存音樂，接著被 CD-ROM 所取代，近來又被 MP3 播放器給取代，技術不斷創新，帶給消費著的附加價值卻更高，諸如更大的容量、更好的音質、更容易存取、更方便攜帶等。

創新也不一定侷限在技術的創新，在成熟市場上找到一個差異化的空間，將服務做到極致，也是一種創新，一樣能擄獲消費者的心，創造不錯的銷售佳績。例如王品台塑牛排以高消費族群為訴求，推出高單價的牛排，並以極致而貼切的服務讓上門的顧客感受到貼心的尊寵。以往在西餐廳點餐，服務生送餐還要問誰點了什麼餐，然而在王品，即便是一桌有十個人點餐，服務生不需要問就可以非常精準地將正確的餐點送到你的桌上，這樣一個小動作並不難，然而卻是餐飲業的一項創新。

在知識經濟的概念裡有兩項重點，一項是「創新」；而另一項就是「附加價值」，在後面的章節將會提到如何增加你的附加價值。面對這樣的一個世界潮流，在職場上的你也會面臨到相對的衝擊；你如果要在職場勝出，你的創新能力在哪裡？你的附加價值又在在哪裡？

身處在這變動快速的時代裡，擁有一項謀生的技能並不代表你一生就能高枕無憂，從事科技資訊相關行業的人通常會有更深的體會——你現在擁有的技術、專業知識或軟體應用能力，過一段時間之後，就可能被新技術所替代；你所熟悉的軟體有可能會被更新更好用的軟體所取代，所以故守原地而不學習或思考如何創新與創造附加價值，在未來的職場上將失去競爭力。

這次的金融海嘯也讓許多企業開始思考重新布局與定位高階及專業人才，企業在這艱困時刻藉由精簡人力來度過非常時期，卻也開始重新思考轉型與重新定位的需要，相信未來仍會釋出新的中高階主管與專業人員的職缺。以台灣產業的新定位而言，業務、研發、經營管理與高技術含量的生產管理等將會是主流，能夠在這些領域中深耕專業技能並拓展多元且寬廣專長的人，仍是企業搶手的人才。

1.2 生涯已不是固定的律動

生涯的英文為「career」，根據牛津辭典的定義為「道路」的意思，可以引申為人生的道路與發展途徑，具體而言，係指個人一生中所扮演的一系列角色和職位。生涯廣義而言，包含了工作、家庭、自我、感情、休閒以及健康等層面，而每個層面都互相連動的關係。

人生是需要經營的，就像經營企業一樣。開始著手創業，第一步就是要撰寫營運計畫書，在撰寫計畫書的過程當中，你可以了解到自己所擁有的資源與優勢在哪裡，你也會為自己的企業設定短期、中期與長期目標，以作為營運過程的指導方針。如果你不曾創業也沒關係，你開始要嚴肅地看待自己的人生，無論在哪一個時間點重新開始，你都要更審慎地規劃你的人生。

生涯規劃的定義就是「訂定人生的目標，具體地、有計畫性地去執行或修正，以達成圓滿的人生。」想要做好成功的生涯必須從自我探索開始，考慮個人的智能、性向、價值、阻力及助力，做好妥善的安排，再來必須了解就業市場，讓自己適得其所，充分發揮，才能達到設定的目標。

當然，在人生的歷程中，本就充滿著無數的變化與挑戰，困頓與挫敗在所難免，但是有了明確的人生目標與方向，我們不易迷失、沮喪。也許追尋目標的過程不盡如人意，然而，能經得起命運考驗，磨練意志強度的人，就不容易灰心、退縮，也是只有這樣的人，最後在幾經摸索、掙扎的命運洗禮後，終會享有歡喜收割的愉悅。

當然，每個人生涯發展的歷程並不是完全相同的，也不是所有成功達到人生目標的人都必定要歷經九死一生的過程，然而，對大部分的人而言，整個生涯的歷程可以概分成以下的幾個階段：

20歲前（成長階段）

在此階段是學習知識、技能，並開始追尋自我形象的發展，探索自己的興趣與能力；對於父母的依賴仍很重，在此時期設定的目標有可能只是幻想。

20～28歲（初期結構建立階段）

逐漸脫離對父母的依賴，開始探索成人的角色、責任和關係，建立初期的生活結構，並開始體驗職場與工作所帶來的改變，累積初期的工作能力，對於未來的理想與目標有更清晰而具體的認識。

28～33歲（轉型階段）

在經歷一段職場磨練後，會對初期的生活結構有所檢討與反省；大部分的人在此時期，會有婚姻與子女的加入，整個生活開始建立新的結構，歷經此轉型，有可能變成與少年時期全然不同的另外一個人。

33～40（結構穩定階段）

歷經轉型修正後，開始有打穩基礎、追求成就的傾向，追求更真實的自我，更積極務實地投入追尋夢想。如果在此時期一切順利，生涯將循此軌道延伸一大段時間。

38～42（轉型階段）

此階段為青年邁向中年的主要轉變期，在結構穩定期構築的美夢與實際成就間的落差，往往會使大部分的人開始重新思索人生的目標，甚至改變人生的方向，並認清與接納真正的自己。

45～50（自我實現階段）

在歷經兩次轉型階段後，調整方向與目標，利用累積的經驗與能力，開始追求事業的成就，或累積更多資源，以追求生涯的高峰。

50歲以後（自我完成階段）

進入此階段後，事業與社會關係已經穩固，子女也多已經開始接近成年，除了追求事業穩定發展外，將擁有更多時間追求屬於個人的生活，追求自我的實現並開始準備迎接退休生活。

理想的生涯的律動曲線就像圖1.1所示，分成數個階段往上爬升。但如同前面所言，在這多變的大環境中，多數人要面對的工作生涯並無法像公務員般有規律的進程與穩定的軌跡，你要有面對起起伏伏的心理準備。

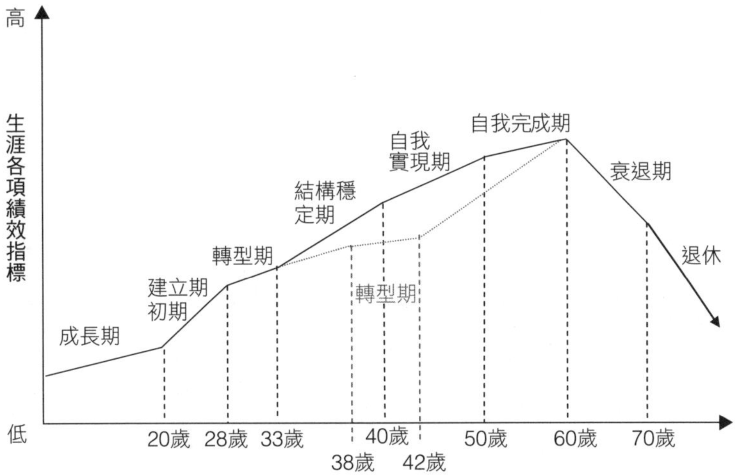

圖 1.1　理想的生涯律動圖

回顧過去的經濟史，景氣是會循環的，有高潮也有低潮，就像波浪的起伏一樣；一九二九年的經濟大蕭條，一九七〇年代的停滯性通貨膨脹，一九九七年的亞洲金融風暴，二〇〇〇年的網路科技泡沫化，全球的景氣在某個時期出現榮景，卻又在某個時間點出現泡沫化的危機。

只要地球沒有停止轉動，全球的經濟景氣永遠都會有高潮和低潮的循環，至少在你數十年的工作生涯中，遇上的這可能不會是唯一的一次低潮。然而面對每一段低潮，你是否做了什麼準備去面對下一段高潮的來臨？

1.3 什麼是明星產業？

初出社會的新鮮人，很多都有想要一步登天的想法。希望踏進一個明星產業，從此飛黃騰達。有這樣的想法並沒有錯，基於經濟學原理，當然大家希望將時間投入於可以換取最大報酬的行業與公司。

現在土木營建業在大家的刻板印象中已經成為比較不受重視的傳統產業，在筆者就讀大學期間，土木系也曾因政府主推六年國建而變成相當受矚目的科系，甚至吸引其他科系的人才想要投入，後來在半導體、電子、光電、通訊等科技產業興起後就變得光環不再。當時壓寶電子、電機、資訊的人則搭上了科技及網路的熱潮，由於可創新的方向較多，到現在為止仍是工作機會較多的族群。

即使是一度是熱門產業，也有可能因技術替代或產業高度競爭，變成無利可圖的行業。例如當年以生產錄音帶而頗負盛名的日商東電化（TDK）公司，在CD-ROM

技術成熟後，市場逐漸萎縮，最後不得不裁撤生產線。許多科技產業，在高度競爭的環境下，大公司努力追求經濟規模，擠壓小公司的生存空間，然而面對許多小公司殺價競爭，也對產業整體毛利產生很大的影響。

如果你以工作的發展性與挑戰性來選擇你要主修的科系，明星產業固然可以作為選讀科系的參考，但不要忽略了這樣的選擇是否與自己的其他面向互相配合。別忽略了你的興趣，即使明星產業的當中有與你興趣相符的工作，但你的人格特質可否面對比較高的工作壓力呢？或是，面對的工作內容是比較沒有創新與發揮空間的，你的熱情能持續多久？

追逐熱門行業的生涯有時也是一種賭注。曾經是電腦資訊產品的頂尖業務主管張先生，放棄原先公司的高薪與福利，投入一家新創的網路公司擔任副總，當時網路科技仍是當紅炸子雞，網路公司是相當熱門的產業，一堆投資人捧著現金上門排隊等著要投資。張先生跳入這家名不見經傳的新興網路公司，就是想趁著當年的網路熱潮，搭上順風車，夢想只要公司上市，他投入畢生積蓄來承購的公司股票，必定可以讓他晉升為千萬富豪，提早退休。

當投資人瘋狂地追逐網路公司砸錢時，他們的網路公司一度擴張得很快，從不到十人，擴張到將近百人；然而過高的期望，落空的機率通常是比較高的。或許當時的氛圍讓很多投資者都昏了頭，以為網路要變成人們生活的必需品是短期間內就可以實現的，但兩年過去後，公司仍無法實際獲利，投資人冷靜地回歸基本面，紛紛抽掉銀根。張先生的美夢並未成真，而這只是當時網路泡沫的其中一個縮影。

其實大環境一直在改變，**今天的明星產業可能是明天的夕陽產業；現在的創新技術，過兩三年卻可能被其他技術所取代**。過去十年台灣的經濟成長率還是高於5%，許多人仍是活在確定的軌跡裡，賺錢的機會到處都是，尤其是科技產業許多電子加工廠，甚至也可以翻身成為跨國經營的公司。工作多到到處挖角搶人，許多人因此可以不斷追逐明星產業與公司，哪裡有前景就往哪裡跳。

但隨著中國大陸的崛起，勞力密集產業逐漸外移，甚至許多電子廠商也往大陸遷移。如果年輕一點的，沒有家庭負擔的，可以過去尋求發展，累積經驗；如果是中階的幹部，就要考慮大陸幹部是否會替代的問題，家庭安置的問題等，很多人最後不得不選擇放棄到中國發展的機會。

這一波金融海嘯重新給我們上了一課，過去政府重點扶植的兩兆雙星產業，其中的LCD平面顯示器產業與DRAM產業，在當時被視為明星產業，認定將會為國家帶來每年超過兆元的產值。當然，它們確實也曾達到這樣的目標，然而在這波金融海嘯中，卻成為虧損最為嚴重的產業。

值得思考的是，有些冷門行業，例如殯葬業，卻在精緻的設計與客製化的服務重新包裝後變成熱門的賺錢行業——傳統技藝在很多人退出之後一度快要失傳，但碩果僅存者卻成為這個時代的國寶。也就是說，重點都不是在熱不熱門，是不是明星產業或夕陽產業，相反的，要思考的重點是：「你熱愛這個行業嗎？你能勝任這個工作嗎？它能滿足你的工作價值嗎？你還能再賦予這個行業新的附加價值嗎？」

對於社會新鮮人而言，投入產業前景好的產業並不是件壞事，因為它比較能賺錢，在薪資福利方面也會比較好，而且在投入職場之初，就能有比較優渥的收入，如果善加理財，這些累積的資金，未來將是你開創另一番事業的重要基礎。加上，如果這些企業持續成長，只要你肯努力，在升遷方面應該不是問題。

其實生涯是一連串的累積，要飛黃騰達非一朝一夕，人說「台上一分鐘台下十年功」就是在講這個道理。即使是在比較傳統的產業中，努力地去累積自己的資產、人脈，創造自己的附加價值，當機會來臨，你就是那個可以借東風而揚帆的成功者。

1.4 你也在裁員名單中嗎？

在上一章中，我們提到了全球化浪潮所帶來的衝擊。過去台灣所依賴的勤勞努力與低廉工資優勢，在經濟成長、所得增加後已逐漸喪失，我們開始步入歐美高失業率的後塵；歐美國家的產業，逐漸往創新、創意與高附加價值移動，但是台灣的產業尚未轉型成功，全球電腦及半導體產業的供需失調，使得以代工製造為主的台灣首當其衝，在沒有其他高附加價值產業遞補的情況下，關廠、裁員、優退，尋找更便宜的生產基地，成為企業救亡圖存的因應之道。這種結構性失業的影響是長期的，遠比因景氣低迷所形成的暫時性失業嚴重許多。

環伺在台灣週遭國家，大約有20億的工作人口，其工資遠較台灣為低。在產業外移的趨勢下，無專業技能的勞工，中年失業的命運幾乎無法改變。網際網路所帶動的溝通革命，使得國界藩籬徹底被打破，只要是專業人才，隨時可能接到國外大公司的挖角電話或電子郵件，不過，台灣人因為缺乏國際觀及國際化，在全球人才競爭的平台上，相較之下矮了一截。

但隨著國際情勢與經濟狀況的突然轉變，政府雖然喊著拚經濟的口號，卻沒有人真正規劃出令人信服的未來十年光景。台灣中產階級過去所擁有的基本信仰：「努力到一定歲數就可以擁有一定的職位與成就，得到相對豐厚的報酬。」隨著全球化的浪潮及全球產業板塊的移動，轉眼之間企業所需求的人才，開始轉變為鼓勵「創新與成長」，沒有特殊能力，長久累積的年資反而成為一種負擔。

以日本為借鏡。過去日本企業最引以為傲的就是終身雇用制，就某方面而言企業似乎善盡了社會的責任，但從現實面來分析，終身雇用制也為日本企業帶來了不少負面的影響。當一個年輕人進到公司之後就已經可以預見自己退休前的每一步——只要按部就班做好眼前的每一件事就等時間到，年資就會提升，薪水也跟著調高，只要不犯大錯，在企業中待一輩子是沒有問題的。但事實證明，企業創新的活力才是公司的競爭力，在這樣的人事制度下是無法被提升的，因此許多企業在近幾年都開始放棄終身雇用制了。

這波經濟不景氣來得確實又快又急，面對訂單急凍與營收大幅銳減，而對於復甦時間點的預期卻又如此不明確，因此很多公司不得不採取激進的手段以求自保，其中「裁員」是企業最不願意但卻又是最立竿見影的方式。面對這樣的殘酷現實，很多人都擔心自己就在裁員名單當中。

有制度的公司都會有績效評估制度，在景氣好的時候，績效評估制度多數流於形式，然而當景氣極度惡劣時，立刻成為企業裁員的有力依據。因此，如果在公司績效評估屬於後半端的員工，屬於被裁員的高危險群是無庸置疑的。再者，以工作的貢獻度或可替代性而言，以下的工作性質是需要擔憂的：

1. 技術含量偏低的高薪職位者

在大公司中有些職務，如人事經理、行政經理、高級秘書等。這類職務的工作內涵不太豐富，其高薪水準有可能是因為年資的累積，或是當時人才市場上人才供給總量偏少的緣故所造成。當公司賺錢時，高層可能沒有太多意見；但是，當公司營運走下坡時，這些職務可能就是首當其衝，被當作優先調整的對象。

2.重複性較高的工作

有些工作看似複雜，但其實只需學上幾年，就能靠簡單的重複勞動賺取薪資。譬如在銀行裡從事櫃檯存款、放款、結匯等的辦事人員。實際上，從事這類工作十年跟三年幾乎是差不多的，後面幾年完全是重複勞動。近年來，許多銀行開始推行網路銀行，在網路上進行轉帳、繳稅、查詢、結匯等業務相當方便，ATM也增加了取款、存款的便利性，因此這類工作職缺逐漸減少已經是趨勢。

3.僅掌握單一技能的高薪者

由於勞動政策不斷改變，勞工要求有更好的工作保障與福利，相對的也會增加雇主的支出。為了節約人事成本，老闆都希望每個員工最好都能十八般武藝，樣樣精通。因此「一專多能」者（一個主要專長，很多副專長）才有跟老闆要求高薪的可能性。僅有一技之長者，如侷限在單一領域的低階研發工程師、電腦程式設計師、翻譯、料號建置員、文件管理師等職位的高薪者，要保持其高薪收入已是岌岌可危，除非他們緊跟時代步伐，抓準時代脈動，不斷強化自身技能。

4.電腦化後，複雜性、風險度和工作難度大大降低的高薪職位

電腦化確實將許多原本複雜度高的事情變得較為系統化與簡單化，資訊科技的運用，將公司的各個環節的資料，串聯了起來。以往訂單、庫存的管理不再是分散的數據，而整合成可以互相比對查核的資訊，所得到的成本、銷售與財務資訊，讓決策變得更準確且有效率。某些單位的經理人以往需要花費許多苦工，小心翼翼查核相關資訊避免犯錯，例如財務經理、生產經理、倉儲經理、品保經理等職位，原本很複雜的一道道工作程序，現在開始被電腦的任一功能模組過程所逐步替代。如果這些經理人不在其他面向尋求更多的貢獻，未來想要要求高薪的可能性會變得越來越低。

日本的趨勢分析大師大前研一先生，更是大膽預言，未來所謂會計師、律師等專門職業人員都有可能被CD-ROM光碟所取代。當然，他的看法目前聽起來有點聳動，但是科技日新月異，其背後所隱藏的趨勢觀察是我們不能輕忽的。

5.無法跟上新技術的高薪技術人員

科技業最累人的就是技術的日新月異，即使是同一種技術也會不斷變更版本。舉例而言，以往只會設計數位IC電路的研發工程師，在無線網路技術興起後，必須要趕快學習類比IC電路設計，並研究射頻的原理與相關特性，以避免變成研發團隊裡的山頂洞人。

利用時間，不斷充實自己，有效率的學習，讓自己立於不敗之地，都是我們在生涯中必須了解與實踐的課題；此外，還要檢視你的年資與工作內容的對應關係。在這非常時期，如果你的專業是必須與時間培養、精進的，那你累積的年資對公司而言絕對是正面的價值。但如果是重複性高、技術性低、替代性高的工作內容，危險性就很高。如果很不幸，你的考績也沒有在前半段，可能就要祈求老天爺多加保佑。

在這不景氣的浪頭上，很多人正經歷被裁員的艱苦時刻，對大多數人來說，這是最具創傷性的職業問題。當裁員真的來臨，我們應該正確對待它，把它視為一個發展的機遇，而不是一種挫折或失敗。

有些人急急忙忙地四處奔波，設法找到一份與他們剛剛失去的那份工作內容完全相同的工作。然而，這樣做的結果可能是「重蹈覆轍」。假如你所從事的那份工作在原來的公司中已被淘汰，在另一家公司中，它也不會維持很長的時間。

在謀求一個相類似的新職位之前，至少需要學習和掌握一些適應新形勢的新技能。當然，也有一些明顯的例外，例如，由於機構合併導致某些職位重覆而使一些工作不復存在。在這種情況下，你便沒有理由不去另謀高就。

公司開始裁員時期，正是你認真考慮自己的技能和價值，並決定你將來發展方向的一個關鍵時期。因此，假如你已經被列入冗員之列，與其把「找一份新工作」作為自己優先的選擇。此時，不如開始自我總結一番，重新了解自己，研究一下你面前的幾種選擇，然後你便可以制定一個長遠規劃。

你如果相信有終身職業的存在，那請你調整你的心態，尤其當新聞報導指出美國加州政府公務員休無薪假時，你應該有更強烈的感受。

1.5 如何在裁員潮中保住飯碗？

一群人被丟到了惡魔島，在惡魔隨時會出來追殺的巨大壓力下，每個人除了要想辦法求生存，也要找到逃離惡魔島的方法，眼看著同伴一個一個消失，這樣的恐懼感令人不寒而慄；如此驚悚片一般的劇情，在這一波的裁員潮中，活生生在辦公室中上演著。

「保住飯碗」這門功課一直是職場的顯學，只是在這工作不容易找的狀況下，更突顯出它的重要性。要保衛自己的工作，有許多面向是需要再加強的：

1. 深耕自己的專業

在不景氣的時期，反而是公司徵選優秀人才的大好時機，開出一個職缺，往往吸引數百倍的求職者前來應徵，其中更不乏此領域的菁英。因此，如果過去抱著應付心態的員工，很容易就成為老闆的標靶，如果你不能再加強自己的專業度，很容易就被提醒：「現在有很多人在投履歷表。」暗示你如果沒有心再投入，補強你的專業能力，他隨時可以找人來替補。

2. 捨棄本位主義，提高被利用程度

本位主義普遍存在於人數眾多的公司，各單位推諉塞責的情形時有所聞，畢竟大家都希望做得少、領得多，這是員工普遍的心態。此外，由於平常績效評估流於形式化，讓很多人覺得：做得多的人會被當成傻子。

然而，當時局轉變成高層要各部門繳出後段班名單時，公司高層與部門主管都開始緊盯大家的工作表現，如果你願意承接別人認為是燙手山芋的工作，並盡可能去處理好，這樣的員工，哪一個老闆會不喜歡用？所以，即使在這一段期間公司有許多比較嚴格的規定與要求，你都能配合，而且遇到模糊難界定的工作時，都能主動去承接，進入裁員黑名單的機率就很低。

3. 提高你的貢獻度與能見度

老闆在這個時機已經為公司營運的困難度傷透腦筋，誰能幫忙分憂解勞，絕對會是老闆倚重的人才。如果公司有提案制度，你就應該積極提出你對於公司開源節流的好想法；如果開源要花費大量資源，這樣的提案請捨棄，節流方案反而更實用些，畢竟這時期，少花點錢就等於多賺點錢。

再者，認真地「宣揚」自己的效率與工作成果是必要的，過去你或許不太在意這些，但在這非常時期，絕對要逼迫自己現實一點，用力表現，即使是一丁點的成果，也要讓主管知悉。請轉換一下心態，在這個時間點，沉默未必是金。

這一波景氣衝擊來的快又急，業務緊縮幅度之大，出乎意料之外，這讓公司管理者必須務實地去盤點人力資源與部門績效，以往裝忙碌或靠拍馬屁、套交情的辦公室生存法則不再管用。如果你的績效不好，主管不請你走路，過幾天就換他走路，面對這樣現實的壓力，長袖善舞的員工也要多花點心思，多想想如何加強自己的硬實力。

1.6 工作，為什麼老是提不起勁？

我們常聽到老闆在灌輸員工要「樂在工作」，但對於大部分的上班族而言，卻離這個理想境界很遠，甚至每隔一段時間就會出現工作倦怠症。工作提不起勁這個問題，主要取決於你如何看待現在的工作，以及工作帶給你的價值又是什麼？

如果你認為工作只是你藉以謀生的手段，那麼充其量，你只是用你的時間來換取老闆給你的薪水。這個工作並沒有帶給你向上提升的動力或實現自己的理想的可能性，時間一久，會「提不起勁」這是絕對可以理解的。

如果你喜歡自己的工作，但是工作本身不具變化性，時間久了，有些人就覺得無聊。對喜歡發揮想法及創造性的員工而言，如果不能發揮創造力，等於將老鷹關在雞籠裡，不能體驗飛翔的樂趣。這些有可能是工作性質或公司文化與制度僵化的問題。

心理學家普遍認為，人們的行為是被「追求快樂的目的」所引導著，你的工作能帶給你快樂嗎？還是在你的價值觀中，便認定工作的定義就是痛苦，休閒才是快樂？你必須將這兩個問題釐清。

追逐夢想也是點燃熱情的發火石，有些人很幸運能及早發現自己的夢想。筆者常常羨慕那些小時候就知道自己想當醫生、當總統的人，或是在校時就想創業的天生企業家們。筆者曾經閱讀幾本成功的創業家傳記，不得不稱讚他們在那樣的時間點，就有了追逐特定夢想的熱情，由熱情支撐的行動讓他們排除萬難，最後完成目標。

閱讀後面的章節，或許你更會了解自己為何失去熱情。如果你因為本書的觀念引導而有所啟發，可以嘗試去改變與行動。

勇於嘗試，熱情定會實現；待在原地不動，可能會讓你的夢想與熱情隨著時間的流逝無疾而終。奉勸那些尚未找到自己熱情的人思考下面這段話：「多試，只要你嚮往就去嘗試；但它還未成為你的最愛之前，絕不要讓它占據你生活的重心，因為這不會持久的。」

1.7 沒有功勞也有苦勞，為什麼加薪、升遷沒有我？

你如果問這句話，那你是以「公平原則」來看待每一個員工的貢獻。薪水與待遇是每個上班族最關心的問題，畢竟這牽涉到個人、家庭的生計，也間接牽涉到個人生活的品質。然而，在英明的老闆眼裡，薪水與待遇的決定是在於你的貢獻度。

過去在大公司裡，我們常常抱怨總經理為什麼常對業務部門有特別禮遇，且這些業務有業務獎金，甚至常常只要動一張嘴，研發、工程、生產單位就要配合他們忙得半死，每到加薪與分股票，他們卻又比其他部門來得優渥。

或許從其他同仁的眼光看來，這些業務只會講電話、打高爾夫球，只會交際、應酬，而真正賣力在生產的是支援他們的這群的勞動者，在薪資的分配上，這是不公平的。但是，從薪酬的角度來看，這樣的論調卻是錯誤的，因為薪酬的標準應該建立在真正的價值上。

一個線上生產者，他工作認真，配合度很高，由他的生產力貢獻換算，為公司帶來的實際價值是每月十萬元，公司為了犒賞這個生產者，每月給這個員工三萬薪酬。然而，被認為輕鬆工作卻領取高薪的業務，或許花很多時間交際應酬，但他帶來的訂單的價值，可能是每月三千萬。這時，公司如果一樣以三萬元月薪來犒賞他們，你覺得公平嗎？

從什麼價值觀點上看，才是真正的公平呢？吃大鍋飯？是每人分一瓢羹的薪酬觀念？這些在現今的環境裡，已漸漸離我們遠去。

從經濟學的觀點來分析：「有一隻看不見的手在操縱著市場。」若你的薪酬價碼是四萬元，只要有公司也願意用四萬元聘請你，你們就一拍即合，立刻成交；若你覺得你有四萬元的價值，但沒有公司願意以此價碼延聘你，你就會在幾次的面試之後，自動把自己的價值降到別人可以接受的價位，直到成交為止。若員工的價值已超過公司能給予的價碼，自然地，他會找到符合他薪資期望的公司，然後跳槽。

有一種薪資報酬的觀念叫「薪酬公平論」（Equity Theory），每個人在市場的價值，好似一個銅板的兩面，一面是你的學歷、背景、努力、能力等；另一面則是你的薪資價值。若銅板的一面重於另一面，市場就會藉著自然淘汰或自然流失，來改變兩者之間的落差。薪酬公平論在環境的變遷與市場的競爭下，傳統一面的學歷、背景、努力、能力等等，可能要被職能競爭力（Competence）及智慧資產（Intellectual Capital）所代替。誰能改變市場生態，贏得勝利，他就是價值的代表。

許多人覺得他在公司的價值是「從年輕到現在，這麼多年來，我把青春都奉獻在此，所以公司應該犒賞我！」如果你不是公司的開國元老，那千萬不要這樣認為。這麼說好了，如果有位員工二十年前的工作價值和二十年後的工作價值是一樣的，那麼公司為什麼要付兩倍的成本，去養一個只需一倍薪水的員工？只因為這個員工他的年資較長，而不是因為他的價值有成長？

個人的薪資標準應該建立在自由市場的價值上。若你在某公司拿十萬元薪水，但你辭職後，只能找到四萬元的工作，這差額代表你用你的年資與忠誠度換來的。公司經營狀況好的時候，你或許能生存；公司一旦遇到危機，你將是優先被考慮資遣的對象。那時，你怨天尤人，覺得時不我與，可能都為時已晚。

你對公司的價值，是否是可攜帶的價值（Portable Value）？這是每個現代員工應仔細去思量的；再被僱用的能力（Employability），考驗著職場的芸芸眾生。

我們來看一個很妙的故事：有一個從商的主人要遠行一段時間，就叫家裡的三個僕人過來，把他的財產按個人「才幹」交給他們保管與運用，希望他們能夠幫他多賺點錢。第一個人五千元，第二個人三千元，第三個人一千元。領五千的僕人隨即拿錢去做買賣，另外賺了五千元；領三千元的僕人，去做買賣也賺了三千元；領一千元的僕人則把銀子藏在衣櫃裡。過了些時日，主人回來和他們算帳。領五千元、三千元的僕人，因為為主人增加了財富，受到主人的獎賞。那領一千的僕人則遭主人責罵：「你真是又笨又懶的僕人！就是把錢存到銀行，至少還有利息賺。」主人便把一千元收回，給了那個幫他增值五千元的僕人。

想想看，給你資源，你能創造出什麼附加價值呢？工業時代，創造機器大量生產，擁有資金、設備，是有形的財富；在資訊網際網路化、組織扁平化的今天，資訊和知識成為競爭利器。

誰能改變現有的工作流程，不斷地創新，發明更具爆發力的產品，才能為公司帶來競爭力，帶來利潤。或許你從某大學或研究所畢業就非常地自滿，但今天所有的學歷、背景僅是謀職的敲門磚，尤如領五千元、二千元、一千元僕人的才幹，真正的職場贏家，是那些學習能力絕佳，知道如何取得知識、儲存知識、擅用知識並以行動力去創造價值的人。

1.8 我對公司有很多抱怨，該繼續待下去嗎？

沒有一家公司是完美無缺的。很多人對於自己的公司會有很多怨言，從制度、公司文化、環境、主管的領導方式等各方面，都可能是抱怨的項目。

就大公司的員工而言，待遇福利相對中小型公司而言會比較好，但由於員工多，容易產生本位主義、派系鬥爭，部門間、部門內上司與下屬的溝通不良等問題。身為主管的人或許沒有察覺，一些看起來很小的事情，如座位分配、稍微調整工作排程、新的薪資單格式等，對員工而言卻是一件大事。

多數人在大公司裡所做的事情，如同是大機器裡的少部分零件，影響想有限，因此員工常會有不被重視的感覺，而且能接觸到的層面較為狹隘。認清這些本質，調整工作心態是方法之一。此外，調整溝通方法也是手段之一，雖然向上管理有點難，但在適當機會與場合向上層表達自己的想法，只要是為公司好，大部分的主管會做調整。

對於小公司的員工而言，薪資待遇可能遠不如大公司，但溝通比較直接；由於每個人負責的事務多，能接觸到的層面比較廣，做的事情對公司的影響力也比較大。小公司比較常被抱怨的問題，就是待遇與前景，如果公司老闆不是很會畫餅，或是不善領導統馭，帶人無法帶心的類型，要將人才留住就比較困難。

每個人都想從工作得到自己想要的價值，可能是待遇、保障性、歸屬感、榮譽感、創造性、權力等面向，這些價值面向對每個人而言有高有低，如果是比較看重的價值不被滿足時，就會產生抱怨。

其實也沒有人是完美無缺的，你希望公司為你做些什麼，首先，就要問自己，你能為公司做些什麼？你是公司的包袱還是資產？很多人在職場中待久了，常會患有「大頭症」，尤其是高學歷的人更會有自恃甚高的心態——他們對於主管的評價不以為然，處處認為主管對自己吹毛求疵。但是換個角度來想想，當你自己是主管，面對像自己這樣的員工時，該如何評價自己？你可以試問自己幾個典型的問題：

這個員工是不是時常把問題丟給同事，或留給主管擦屁股？
為了提升這個員工的績效，是否耗費自己很多時間與精力？
當有重要的任務時，我會委託給這個員工來處理嗎？
在同事心目中，這個人是容易相處與溝通的人嗎？
客戶是否對這個人有負面評價？
檢討疏失時，這個人是找藉口，還是虛心接受應該改進的地方？
這個員工會站在公司利益為優先的立場來處理事情嗎？
如果這個人離開後再回來應徵，你會考慮再聘用他嗎？
如果有新人進來，要花多少時間與資源才能培養出像這個人一樣的貢獻度？

仔細思考這些問題，如果否定的答案多，你就不該再抱怨直屬主管對你的評價不符合你的期待。

如果不是你個人的原因，而是面對太多無法改變的問題，你要離開那無可厚非，畢竟每個人對於公司都想有歸屬感。但如果是你個人的問題，那最好虛心檢討，如何改進。

畢竟，你離開了這一家公司，那些不好的工作習慣與態度還是跟著你，你到下一家公司還是可能面臨類似的問題。

1.9 你是否懷疑自己走錯方向？

就個人的體驗，以及週遭許多高級知識份子的成長經驗來看，筆者覺得台灣的中產階級，尤其是高學歷的一群，很多並沒有為自己活過。這些人在學生時代唸書是為了滿足父母的期待，出了社會則是為了自己所背負的光環而活，以滿足社會的期盼。畢竟，「自視甚高」一直是中國讀書人的一項枷鎖；說得明白一點，就為了面子。

他們每天擔心自己內在的能力不如外顯的強悍，因此常常思考如何才能不被淘汰。此外，整個社會的價值觀也一直驅動著我們將自我價值依附在本身的經濟價值條件與事業成就上。似乎經濟狀況越好，這個人活著的價值就越高。但是外在的成就變成無法掌控時，或者失去這些外在的東西及經濟支持時，就有被閹割的恐懼感，進而發現每天汲汲營營於工作之中，除了工作、事業之外的親子關係、家庭自我，都是一片空虛。

筆者接觸過的人當中，形形色色，各種類型都有，很多人似乎都有「自己更有興趣」或「更適合」的發展方向。

有些人不斷地轉換公司就是為了爭取更高的薪水，但是卻不是深耕自己的專業與人脈，所以即使在新公司得到了較高的薪資，卻因此發揮不出實力，達不到業績，在上司的壓力下不得不離開。然而，他卻一直認為自己運氣不好，沒有找到一家適合他的公司，也懷疑自己是否走錯方向，不應該從事電子業。他認為應該再去尋找下一個願意給他更高薪資的公司；我認為他可能不是方向錯誤，而是工作的心態要調整。

過去有一位從事研發的同事，筆者常聽他講解一些股票明牌及市場趨勢，甚至還引用線形與指標圖來做技術分析。在開會時，有時候可看見他拿股票機在下單，個人真的覺得他的興趣在「投資、操作股票」——比做電子硬體研發來得大。他如果往那方面走或許會是很出色的基金經理人。

另外一個研發工程師，筆者認為他比較適合去當小老闆。由於他知道我就讀交大企管碩士班，所以喜歡跟我討論一些創業的點子，個人發現他創意十足而且面面俱到，然而在研發的工作表現上卻是成績平平，常說研發對他而言，乏味枯燥。就本身對他人格特質的了解，他真的不屬於那種喜歡追根究底的人，而且比較不拘小節，這種人從事研發工作，要他不出錯是很難的事。

定期的自我評估，有助於了解自己是否處在合適的方向，如果你懷疑自己走錯方向，在思考生涯規劃與自我職涯轉換的問題時，必須先問自己幾個問題：我的人生最想要什麼？我的興趣在哪裡？我的能力有哪些？再去想我應該要做些什麼？該不該放棄所學投入陌生的領域？在下一章的內容中，會依序來解開這些問題。

改變方向對生涯而言是一件大事，如果能在選擇性與彈性較大的人生階段去調整最好。當你人生的包袱越來越重時，要花掉的努力就會比較多。

就一般人的習慣而言，假如前面是一條筆直的大路，多數會選擇這條路走，但是必須忍受眾多人潮與你爭搶空間。假設眼前不是條大路，而是羊腸小道，大多數人可能也只好硬著頭皮走下去，畢竟這是較省力的方式。不過總有少數寧可不計成敗的人，在行動上或觀念上，另闢蹊徑，達成自己的目標，雖然代價甚高，但最後創造不朽傳奇的往往就是這些英雄好漢。

基本上，就大部分的領域而言，你過去主修的科系對你生涯的影響是很深的。筆者還是強調，成功的生涯是需要靠累積的，尤其是要成為頂尖的專門技術人員，例如建築師、律師、醫師與會計師等，都是要用時間去累積專業的。現在回想起來，如果在國中畢業或就讀高中時候就能發現自己的興趣，該是多麼幸福的一件事。

譬如說，如果有人發現他對繪畫相當有興趣，並且要以藝術創作成為一生的志業，他便可以準備報考藝術學院，並於畢業後從事相關的工作。如果機運不錯，畫作受到許多收藏家的賞識，也會因此帶來名與利。當然，很多人都渴望這樣完美的人生。

或者，你對科學研究很有興趣，對於數理邏輯的推論很在行，也樂於重複不斷地實驗去探求事務的真理。這時，你可以選擇繼續升學走學術路線，或進一些研究機構將職業與興趣結合。

如果對於鑽研高深知識不是有挺大的興趣，你喜歡動手實做，便可考慮走技職路線。學得一技之長，除了工作機會比較有保障，靠這一技之長再不斷累積自己的經驗與人脈，仍是有成就大事業的機會。

然而，我們也不用太悲觀。你主修的科系是否就決定你未來的人生？其實，學生時代所學只是基礎，回顧大學四年所學習到的，只是未來生涯與職場上的墊底功夫而已，如果你去印證社會上的成功人士，會發現主修科系可能不是左右生涯的關鍵。

環顧我們現實生活的週遭，我們其實也會看到許多學非所用的例子。舉例而言，台灣堪稱世界級企業的台灣積體電路（TSMC）董事長張忠謀先生，也是因緣際會才進入半導體領域，而非一開始就是學習半導體的科班出身。

一九四九年，他進入劍橋的哈佛大學深造，由於對物理與化學有獨特興趣，張忠謀在一九五〇年九月由哈佛大學轉入同在劍橋的麻省理工學院（MIT）。在MIT期間，他勤勉地鑽研於流體力學與熱傳導的領域，且成為熱傳導的頂尖專家。一九五二年九月，獲得MIT的機械系學士，翌年又得到了碩士學位。可是就在一九五

四、一九五五連續兩年，他參加博士資格考試時，卻未能如願成為博士班研究生。

在黯然離開MIT後，他先應聘於希凡尼亞半導體實驗室從事研究工作，然後又轉入德州儀器（Teaxus Instrutment）公司服務。經過三年的努力，張忠謀先生於一九六四年終於完成了史丹福大學的博士學位。獲得學位後，張忠謀依約返回德州儀器公司擔任矽電晶體部經理，隔年又升任積體電路部經理；一九七二年升任德儀公司集團副總裁，兼半導體集團總經理。一九八五年，在俞國華院長、李國鼎政務委員，以及工研院徐賢修董事長的力邀下，張忠謀先生返台擔任工業技術研究院院長職務。翌年，他創辦了舉世聞名的台灣積體電路製造公司，並擔任董事長。

被譽為亞洲策略大師的大前研一先生，在進入麥肯錫企管顧問公司之前，是個研究核子反應爐的工程師。他從大學三年級開始，便進入日立公司上班，期間長達九年。他的時間與精力都投入於核子反應爐的研究，但是全世界反核能的趨勢卻是他離開這個產業的主因。可是，因緣際會也讓他誤打誤撞進入了世界知名的企管顧問公司。

當時麥肯錫剛在日本設立辦事處，他在人力仲介公司的推薦下進入這家公司。起初他以為會用他這種背景的公司應該是工程顧問公司，去上班後才發現是一家指導企業經營管理的顧問公司。

他從一開始被主管形容成像「公牛的乳頭」般一無是處，到後來發憤圖強，開始自我要求和日以繼夜的努力學習。他以每天思考一個主題來做自我訓練，例如看到一個番茄醬廣告，就會思考「如何擴大某一番茄醬品牌的市占率」，他在電車抵達上班地點前就會將思考整理成「某個主題的廣告看板主打哪些消費族群，此品牌也出番茄汁的話，該主打哪些族群？」等諸如此類的戰略。經歷了前面轉型期的陣痛，讓他找到新的契機，現在他已經是亞洲知名的企管顧問、國家顧問，還出版了好幾本談趨勢與企業戰略的暢銷書籍。

每個人即使畢業後就轉戰其他行業，也不完全是學非所用，高等教育除了教授職業技能外，更重要的是培養社會英才。不論那一科系，在該系的理論課程中，已蘊藏一些通才教育的基本素材，好的教授可以將這些素材展現，而用心的學生也必然可以吸收而表現於日後的任何工作，又有什麼學非所用的問題呢？

雖然所學科系並非決定生涯的主要決定點，但是越早在你的人生起始點上弄清楚你的選擇點，你的彈性會比較大。因為隨著生涯和歲月的往後延伸，你會面臨家庭、貸款等諸多限制條件，要進行一個比較大的轉折所要考慮到的時間、成本與風險問題的顧慮就會比較多。

第 2 堂課

重新觀照你的內心

要能找到成為你職業的興趣，這個工作本身對你應該是有趣、有挑戰性、你想學習、創造或製作的。

在探討這個主題之前，先分享一下在網路上看到的一個非常有趣的故事。

古時候，有一位公差奉命長途押解犯人到案，人犯是個和尚，沿路上公差對這個和尚相當不客氣。對俗世還心存眷戀的和尚，表面上逆來順受，內心裡一直在尋找逃跑的時機。後來他左思右想，想出了一個辦法，於是他開始與公差拉關係，百般地討好他，做出一副恭順合作的樣子。漸漸地，公差的戒備心鬆懈了，晚上住宿時甚至還與和尚同桌吃飯。

第二天晚上，兩人投宿一家客棧。因押解的目的地馬上就到了，公差心裡非常高興，便改變先前的態度，甚至與和尚開懷暢飲划起拳來。和尚見有機可乘，內心狂喜不已，但仍不動聲色與公差繼續飲酒作樂。

酒過數十巡，不勝酒力的公差醉得一塌糊塗癱在床上，和尚乘機從公差身上搜出鑰匙，打開了自己手上的鐐銬，再把鐐銬銬在公差的身上。由於過去數天所受的不平待遇，讓他難消心中忿恨，於是又找來一把鋒利的刀子，將公差的頭髮剃光，趁著夜色逃之夭夭。

第二天，公差醒來，看不到和尚，心慌了起來，用手摸了摸腦袋，摸到了一個光頭，心裡頓時鬆了口氣：「原來和尚在這裡！」

接著他又檢查了隨身的衣物、盤纏，一切都原封不動。他又愣了半晌，自言自語：「和尚在，衣物、盤纏也都在，那麼，我呢？我到哪兒去了？」

這是一個博君一笑的荒謬笑話。可憐的公差連自己與和尚都分不清，自然難逃丟飯碗的厄運了。

「我是誰？」很多人應該都曾這麼問過自己，這是個看似簡單卻又令自己無法明確回答的問題。在過去的歲月裡，我發現自己也像公差一般，不明瞭如何確切地描述「自己」？換句話說，就是渾渾噩噩的活著，為了生活而不停忙碌，從來沒有仔細想自己到底是什麼？有什麼長處？有什麼缺點？甚至不了解自己的個性。所以，人云亦云，沒有自己的主張、見解，安於被他人操縱；或者盲目的追趕潮流、崇拜偶像，穿衣、說話、舉止都力圖模仿偶像；或者追隨俗世的價值觀，不斷追逐物質生活卻讓心靈更加空虛，這些人其實都陷入了失去自我的迷思中而不自知。

話又說回來，如果真讓你回答「我是誰？」這個問題，相信你也不一定能很準確地回答。其實，這個問題牽涉你能否正確認識「自己」的存在。

我們生活在一個多元、紛擾與複雜的社會，各式各樣的資訊干擾著我們的視聽，所以人們常會陷入「認知」和「實際」上的差異，再加上潛意識中與人一較長短的競爭心，讓人迷失在競爭與報復的情境中而無法解脫。所以，我們常對自己內在真實的「我」的認知是模糊且不正確的。

對自己表面的認知，許多人都是很清楚的，例如自己的身高、體重、美醜、結交了多少朋友、喜歡什麼、討厭什麼等；但對自己更深層的認知，可能就不太清楚了，例如自己的人格特質、能力、氣質、優缺點、價值觀等。

你的職業生涯要面對的就是一連串的競爭，就像企業也要面對同業、替代品、技術和潛在競爭者等的環境一樣。企業為了勝出會檢視自己的資源，找出自己的優勢，朝最有利的方向去走；身處在競爭激烈的社會中，你也必須去認識自己的人格特質、價值觀，全面地去了解自己的興趣與能力。一個對自己的特質、興趣與能力都不了解的人，是無法集中火力專注前進的，就如同一個性格不具攻擊性，反應與口才都不佳的人，偏要去參加辯論比賽一樣——失敗是意料中事。所以，你必得先認識自己，找到一個真實的「我」。

過去在景氣仍是不錯的時候，大部分的人都忙碌地在工作中打轉，沒有心思靜下來好好地思考。但這一波金融海嘯所帶來的衝擊，讓很多人因為失業、休無薪假，而空出了很多時間，我們實在應該抓住這上天賜與的機會，好好地思考與反省生涯中更基本的問題，同時是否需要重新定位自己。

本章安排了一些活動，要一步步協助你找回自我，重新探索自己的人格特質並了解自己的興趣與價值觀，這些步驟是你邁開大步行動前的重要基礎。

2.1 認知「風險存在於生命的每一刻」

九二一大地震和八八風災奪走了數萬條寶貴的生命，一瞬間數十萬個家庭的人生就此改寫。生命中其實是存在著相當多的風險，生命的風險只是其中的一項。在你的生涯當中，如果沒有正確的理財態度，也可能遇到財務的風險；做生意有被倒帳的風險；企業營運不佳，有倒閉的風險。

談到這些負面的事情，或許大家心裡很不是滋味，然而，隨著時間的流逝，經歷的世事愈多，你會開始發現，死亡其實只是生命的常態，它雖然可怕，但終究是人生要走到的終點站。我們常會聽到「漫長的生命旅程」這一句話，生命的終點感覺就像在很遙遠的那一端，也因此我們就產生了惰性，而在周而復始的工作與休閒的循環中，渾渾噩噩地消耗時光。很多人一直到老了才驚覺虛度此生，徒留無限感慨。

其實，從你出生的那一秒鐘起，風險就存在於你生命的每一秒鐘。

如果拿投資來比喻，我們都知道股票市場相較於基金投資是風險較高的，這樣看起來，投資基金的風險似乎是比較小的，然而即使是基金經理人都不敢拍胸脯保證他所掌控的基金是「穩賺不賠」，發行基金的公司對外的廣告也都會加註一行警語：「本基金不保證最低收益，也不保證絕無風險。」所以身為投資人的你，仍是要承擔一定的風險——最好定期要檢驗自己投資的基金績效。

在大自然界，動物所面臨的生死存亡的風險比人類還要嚴苛，弱肉強食是牠們的宿命——自己隨時都可能變成天敵的食物。然而，面對大自然的嚴苛環境，動物為求生存，便開始發展求生存的本領，有些甚而會用演化來留下最適合環境生存的基因；演化可以說是動物為了對抗環境風險而發展出來的避險機制。

換個角度來關照我們的生命與職業吧！買保險是很多人用來承擔生命與健康風險的方法，但**你用什麼方法來降低你工作與生涯發展的風險呢？**面對全球化的風潮與網路、新科技的興起，你的工作與職位也存在著隨時不保的風險，你又要如何去面對？

2.2 當生命終點來臨，你留下了什麼？

「生不帶來，死不帶去」這句話常在佛經與勸世書籍中見到，這樣看起來，似乎人生沒有什麼好追求的，那大家忙碌一場又為了什麼？其實這是個看似沉重的哲學問題，但要回答也沒那麼困難。

人活著會有很多欲望，最基本的欲望就是能有安全感、能夠安穩的生存。但滿足最低階的欲望之後，人們會有更高階的欲望，這就是古語常談的「人往高處爬」的道理。在後面的內容中，我們將深入討論欲望這個問題，從欲望的分析來讓你更了解自己，更明白自己為什麼走這一遭。

很多事情是有時間限制的，像考試、比賽、上班等。因為知道何時為終點，所以在參加考試時，我們會想辦法在鈴聲響起前努力作答，以爭取高分；如果是在賽跑，我們會想辦法在終點到達前努力衝刺以爭取冠軍；如果是在上班，在準時下班的前提下，我們會有效率地完成該做的事情。但你想想，面對漫長的生命旅程，你有想過在終點來臨之前，要如何成就你的一生呢？或許大家都有想要長壽的心態，但也因為這樣，造成鬆懈的心理，因為不知何時會是終點。

開過公司的人，應該更能深刻的體會「設定終點」是多麼重要的一件事情——也就是要「設定停損點」，畢竟，資源有限，要知道公司能承擔多少虧損。

很多熱血沸騰的創業青年們，剛開始會認為公司應該是會基業長青的，一旦公司有賺錢，有些企業主可能就開始胡亂花錢；當景氣變壞，或公司產品被新技術取代後，業務縮減，造成財務周轉困難，很多企業主直到公司因不堪虧損，被迫要結束營業才知道，原來公司花了這麼多冤枉錢，做了許多不必要的支出，或者累積了這麼多沒用到的東西與庫存。

換個角度來看，如果回頭去檢視生命中所累積的事物，你是否也一樣在耗費寶貴的時間與金錢，累積了一些對你未來沒有幫助的事物與經驗呢？

即使醫療的發達著實讓人們的生命延長了不少，但是衰老仍是醫學無法克服的。

在人的黃金工作歲月裡，體力旺盛的時間畢竟是有限的，如果是勞力工作者，可能又會再縮短，因此在有限的時間裡，如何達到設定的目標，得要認真去面對。

筆者大學時代，教工程數學的教授推薦了史蒂芬．科維（Stephen R. Covey）先生的著作《與成功有約》（The seven habits of highly effective people）給我們閱讀，他曾強調：「這是一本可以幫助我們規劃成功生涯的好書！」當時筆者便去書店買了一本。對那時的我而言，因為「人生資歷尚淺」，讀完全書，自己大概只了解到作者所提的架構。但它至今唯一最令人印象深刻的，卻是書中提到的墓誌銘那一段。

科維先生在書中問了一個問題：「當生命終點來臨，你想要人們在為你墳前樹立的墓碑上，刻著什麼樣的話語？」那句話，可能就是你人生的縮影以及價值觀的極致表達。

這讓筆者聯想到在大學的畢業紀念冊當中，自己為大學四年求學心得所寫的一段話：「你不一定要偉大，也不一定要富有，但一定要擁有自己的靈魂。」當時的我確實是看了許多勵志與宗教方面的書籍，然而，現在回想起來，當時並非真的頓悟了

「要擁有自己靈魂」的意義，反倒是經歷過一段生涯歷練後，才開始初步體會擁有自己靈魂的意涵。

擁有自己的靈魂，簡單而言就是了解自己，知道自己該珍惜些什麼。大多數的人會被日常生活中的瑣事煩擾得精疲力盡，而忘了抽離出來看看自己變成了什麼樣子，同時省思自己的人生究竟在追求什麼。

我們庸庸碌碌地投身於工作，以賺取收入來支撐家庭經濟，而且還要花時間在養兒育女和對長輩克盡孝道上。就像一個不停旋轉的陀螺，我們持續地運轉著，直到發生了突如其來的重大事件，例如致命疾病纏身、摯愛的人離開人世、事業失敗、無預警裁員或是重大的生涯轉折等，才讓我們停止轉動，把注意力拉回到自己人生的意義上面。當我們面臨了這些戲劇化的轉折，回顧自己過去的生命軌跡，自己做了些什麼？其蘊含的意義又代表什麼？此時，有些人才開始領悟到什麼是自己最想要的，學會認清自己，了解自己真正珍惜的是什麼。

或許，這種「以終為始」的觀念，大家已經非常熟悉，只是大部分的人不願意認真去面對。

2.3 下定決心，開始認真經營你自己

歌唱選秀節目一直是很受觀眾喜愛的節目，這幾年在媒體炒作下又再度開始流行，但是競爭的型態比起以往而言更加多元化——除了要通過初試篩選外，進入決賽還要面對各種不同主題的挑戰，甚至是一對一捉對廝殺。歷經數個月的不斷淘汰後，最後勝出者才能贏取高額獎金及一只唱片公司合約。

在某個以校園學生為主的歌唱選秀節目中，看到主持人訪問已經晉級的女學生，訪談內容看似詼諧，但確實發人深省：

主持人：「當初為什麼會想念土木系？」

女生：「不知道！志願卡填一填，莫名奇妙就分發到這所學校的土木系。」

主持人：「如果有機會讓你選擇，你會選擇當明星還是土木工程師？」

女生：「我想選擇當明星，當明星不會那麼無聊。」

我認為很多人與她一樣都存在著相同的境遇與困惑，只是有沒有機會或勇氣去接受挑戰，甚至起而行動去改變。

如果你現在還在求學階段，恭喜你，你擁有最寶貴的資源——時間；如果你現在剛出社會一段時間，請好好把握時間，努力地充實自我，路還很長。然而，如果你一直認為時間很多，沒有搞清楚方向，落入過一天算一天的習慣領域中，很快地，你也會發現時光匆匆飛逝，接著要就要面臨生涯的瓶頸。

如果你已經出社會一大段時間，請好好檢視一下自己，在此時的你或許會遇到中年危機（註）。但也不要沮喪或低潮，你或許會問：「現在才開始，會不會太晚了？」我想，只要活著，都有無限希望。然而，到底何時才晚，當醫生宣佈你所剩時間不多，那就真的有點晚了。否則，請打起精神，人生的馬拉松還沒到終點，你還沒輸，請繼續加油！

合理的生涯規劃是由內而外的，步驟可以對照下頁的圖 2.1 ，分析過去，了解自

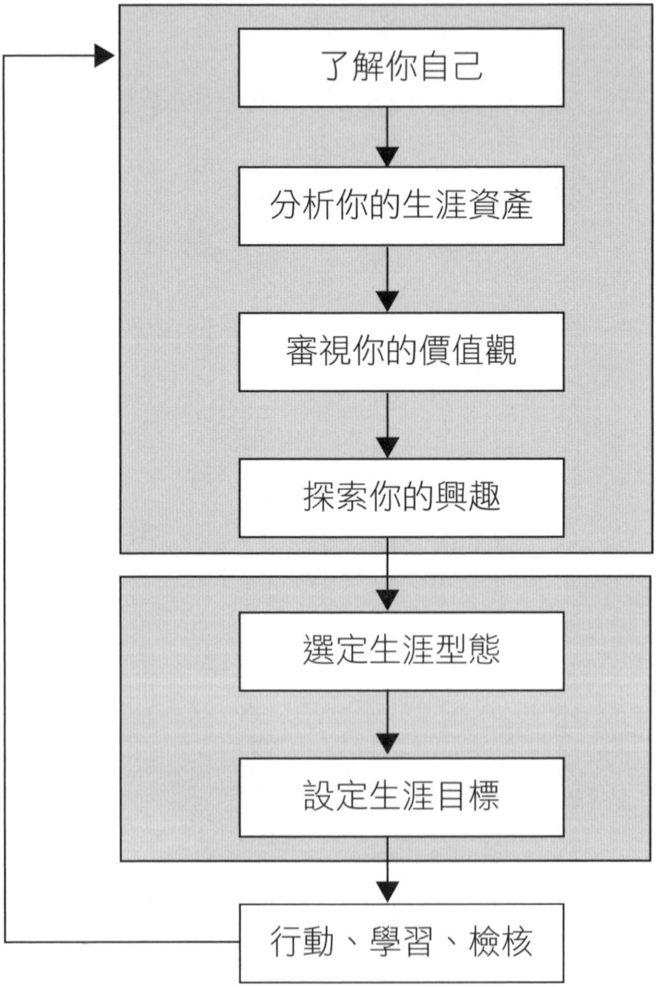

圖 2.1　生涯規劃步驟圖

己的優缺點、人格特質、興趣、與價值觀，盤點自己的生涯資產，過去累積的經驗與技能，這些都是對內的關照。接著開始分析外部的環境；如果你是職場新鮮人，或者是想轉換職場跑道，你應該蒐集相關資訊，選定你想要的生涯型態，然後設定你的生涯目標，去尋找理想的公司與職位；或者評估自己累積的資源，是否要走向創業或獨立的專業工作者。如果你在某個組織中工作一段時間，你可以分析組織內部是否有發展機會，並加強自己的能力與人際關係，儘可能去爭取。

以下將概述生涯規劃步驟的重點意涵：

1. 了解自己

你了解你自的人格特質嗎？你是否滿意自己的現在的工作與生活？你最感到驕傲的是哪些事情？哪些事物會激勵你，讓你感到興奮與快樂？哪些事物使你與眾不同？

從各方面來檢討你的工作經驗和人生經驗，踏出正確的第一步是十分重要的。規劃你的人生，不要被別人對成功的定義所迷惑。

人們經常去追逐他們認為理所當然應該達到的目標，如一份高階職位、豐厚收入的工作、住豪宅、擁有名貴轎車等，而不是追尋他們能夠而且真正想要的目標；人們往往被囚禁在這些世俗的成功目標中，而放棄追求適合自己的成功目標。

2.分析你的生涯資產

隨著時間的流轉，你的生命留下了許多軌跡，也累積了許多能力與資產。從你過去的經歷中，可以獲得許多寶貴的教訓；因此，分析你的過去，便能清楚了解你重視的人事物是什麼，哪些事物曾經困擾著你？你過去累積的生涯資產有哪些？你獨特的能力在哪些方面？特別是可以被雇用或賴以謀生的技能有哪些？

你的人格特質、能力和興趣，其實就表現在過去的每一步軌跡中，只要加以分析，就可以再更清楚地了解。過去你累積的關係，包括與親友、師長、同學、同事、客戶和供應商等建立的關係，都是你的資產，這些都是很好的諮詢或情報網，有些可能會協助你轉到更好的工作；有些則會提供資源與知識讓你從現有的工作中更上一層樓；或是你要創業時，這些網絡裡的成員會成為你的夥伴或投資者。

3. 選定生涯型態

職業的種類繁多，然而以人格特質、對組織的歸屬意識，以及業務範圍來區分，可以概分為七大類（詳本章後段內容介紹）。在了解自己的人格特質、價值觀與過去累積的資產之後，你比較能定位出自己該往哪個生涯型態來發展。

這裡一直強調的就是「生涯是不斷的累積」，能在早期就選定一個方向，不斷累積，可以越快接近設定的目標。如果你要在中途改變生涯型態，就要審慎評估與判斷，選定之後一樣要花時間去累積。

4. 訂定事業和人生目標

在確實了解自我之後，你可以依據自己的能力、財力和時間列舉出許多目標。這些目標需涵蓋長期、中期與短期，而且最好是具體、量化與能達成的。因此，你必須將這些目標加以修飾、增減，最後選定幾項基本、長期的人生目標。

長期目標使你不致於迷失人生的方向，不過，僅有遙遠的夢想，將很難採取行動，你還必須將大目標拆解成小目標，然後計畫行動步驟。

確立了目標順序與行動步驟後，緊接著，你應該將時間及你和其他人的關係列入考慮。除了盡量地把你所確立的目標按照大概的時間寫下來之外，同時也需要將未來可能發生的事件，如出國、結婚、生子等一併列入。如此，你將擁有一套完整、詳盡的人生計畫。

5. 訂定進修方案

如果你是產品經理，在規劃一個新產品時，都要預估產品的生命週期，因為市場的飽和及技術的變動，都會影響到產品在市場上的生命週期。相對的，你所擁有且賴以維生的工作技能，是不是有一天也可能會被時代的潮流所淘汰？因此，你應該不斷地追求技能與知識的精進，並將學習的重點放在未來事業的發展上。

至於學習的方法，並不一定要局限在閱讀、觀察、實驗或回到學校進修。每個人的狀況不同，你需要補充的能力也不一樣，因此可以採用不一樣的方法。例如：當你的職位逐漸晉升時，你不妨積極地參與專業或地方性的社團活動，學習研判能力、訓練談話技巧，這也能增進交際能力，另一方面則可擴大個人的接觸面並獲取本行或其他行業的新趨勢。或許，更能為自己創造一個新的發展機會。

你如果想要從事與自己興趣相關的行業，但這個行業卻與你現在的工作或專業相去甚遠，就得去尋求一些適合你狀況的進修方案，例如利用職業訓練或者在職進修的管道，甚至去相關行業打工或兼職，以補足那個行業的專業知識與技術。

6.發展行動計畫

任何一項遠大的目標或完善的計畫，都必須付諸實際的行動，否則一切將淪為空談。

發展實際且有激勵性的行動計畫，對於目標的達成，有莫大的幫助。要使你的計畫具有挑戰性，不要選擇太容易達成而沒有成就感的，也不要選擇自己根本做不到的。你可以考慮各種做法，並選擇效益多的那一種。最好將計畫的利益寫出來，再決定你願意投下多少精力、時間及金錢去執行。

如果你設定六十五歲退休，可以計算一下你還有多少工作的時間可用，每三年應該有一個目標。每個年度有「年度計畫」，每年針對這些年度計畫要有「每月計畫」與「週計畫」。

不要覺得這是很煩的事情，這是該嚴肅去面對的一項人生任務。切記！你之所以比別人勝出，那是因為你對於事情的想法、做法及行動力與眾不同。

7.定期檢核與修正

生涯是動態的過程，會因時因地而變化。有時現實狀況與計畫會有落差，所以你必須定期來檢核你的現況與目標是否有差距。尤其在這變動快速的年代，千萬不要有「計畫趕不上變化」的怠惰心態，計畫如果不及時修正，情況可能會更糟。

舉例來說：在職場上，你可能不再對目前的工作內容懷抱熱情，反而開始喜歡另一類的工作；想買房子時，需求可能因為工作地點改變而變成次要的目標；每天下班時，小孩都已經在睡覺，你厭倦這種「只有假日才有家庭生活」的工作步調，所以想要找一個工作時數比較正常的工作。

各種因為工作而衍生的問題與衝擊，可能在人生的某個階段就顯現出來。因此，建議你每半年就檢核自己擬定的年度計畫，傾聽自己內心的聲音，考量你週遭的環境，把目標與方向做適度的修正，重新再出發。

往後各章的內容中，將會更詳細地來闡述每個步驟的意涵與方法。

【註】所謂的中年危機，美、英兩國科學家分析大量數據後發現，人生快樂與沮喪的等級，隨年紀增長，其型態呈U字形轉變。

四十四歲是中年危機的谷底，而且將持續上好幾年。自中年谷底轉折過後，有老人津貼的七十歲老人，快樂程度跟二十歲的人相同。

在其研究中採樣的一百萬英國人，不分男女，人生最不快樂的年紀在四十四歲，而且不論婚姻狀況、有沒有錢或者有無子女，都是如此。相形之下，在美國男女就有很大差異，女性最不快樂是在大約四十歲，而男性則在五十歲。

中年意味著工作生涯已經走了一大半，大部分的人在即將邁入中年時，會開始回首自己這半輩子，完成了哪些人生的夢想。當然，大部分的人都是有一個不上不下的工作，少數人是在事業的巔峰。但即使是在事業的巔峰，可能也有其他不完美的地方，例如沒有工作以外的生活。

人到了快四十歲時，有很多以前的雄心壯志都已煙消雲散，肚子開始越來越凸，頭髮越來越少或越來越白，每天除了上班下班外，已經沒有什麼其他的新鮮事，開始思考自己的後半輩子人生，是不是就要這樣過到退休；心裡的恐懼感與想突破的心似乎或多或少都會有一些，但每個人的嚴重程度不同，發作的時間點與期間也各有差異。

2.4 擅用工具了解自我人格特質

何謂人格特質？其意義是指個人真正的自我，包含了個人內在動機、情緒、習慣、思想等。因此，人格特質是在對人、對己、對事物，乃至於對整個環境適應時，所顯示的獨特個性。

此獨特個性是由個人在遺傳、環境和學習等因素交互作用下，所表現出來的。而個體在適應環境時，所呈現的動機、需要、興趣、態度、價值觀念、氣質、性向、外形及生理等各方面，也不同於其他個體。這些特徵通常具有相當的統整性與持久性，其內在的差異也會表現在日常生活中的選擇上。

譬如：有些人偏好較重的口味，有些人則喜歡清淡的食物；有人假日喜歡到熱鬧繁華的市中心購物逛街，有人則喜歡到郊外享受清新空氣與寧靜氛圍；有些人立志要躋身於政商名流中，享受高官厚祿，有些人則甘於平凡，競競業業地經營自己的小事業。

也就是說，在面對工作挑戰時，每個人會因自己的能力、環境與人格特質而做出不同的反應。舉例來說，有些人面對一件高壓力的工作指派時，會選擇逃避；然而有些人，會願意接受挑戰。

由於人格特質相較於可以數量化的特性，如身高、體重等而言，是比較模糊且抽象的，但我們仍可藉助一些工具來了解自己的人格特質。

職業生涯專家荷蘭（John．L. Holland）進行了很多關於人格特質的相關研究，他將人格特質分成六大類：

1.探究型（investigation）

喜歡觀察、調查、分析評估與解決問題。此類型的人具有數理能力及科學能力，但缺乏領導統馭能力。喜歡從事研究型的行業，典型的職業有物理學家、歷史學家、科學研究員、研發工程師、生物學家、刑事鑑定專家等。

2.藝術型（artistic）

具有藝術氣質和創新、創作能力，喜歡自由，不喜歡拘束。具有文學、音樂、藝術的能力，但通常缺乏文書事務能力。喜歡從事藝術相關的行業，典型的職業有作曲家、音樂老師、樂團指揮、作家、畫家、設計師、演員、歌星、聲樂家等。

3.社會型（social）

喜歡與他人工作，善於溝通，協助他人。具有社會技能，但通常缺乏機械與科學能力。喜歡從事社會形的工作，例如教師、宗教人士、心理輔導員、社會工作者、特殊教育輔導老師、慈善團體義工等。

4.企業家型（enterprising）

喜歡與他人工作，善於影響、說服、管理、領導。具有領導能力及口才，但通常缺乏機械與科學能力。喜歡從事企業型的工作，例如業務員、專案經理、企業家、店長、仲介人員、專業採購人員等。

5.事務型（conventional）

喜歡處理資料，有文書或是數字能力，能接受上級指示工作。具有文書與計算能力，但一般缺乏藝術能力。喜歡從事事務型的工作，例如記帳士、金融分析師、銀行事務員、土地估價師、會計師、理財專員等。

6.實際型（Realistic）

有運動或機械天分，喜歡操作物品、機械，樂於實做與需要體力的工作。具有機械能力，但可能缺乏社會技巧。喜歡從事實用型的工作，例如飛機機長、測量人員、汽車機械士、設備操作技術員、吊車駕駛、工廠設備維護人員、電器維修、電力或通訊設備架設人員等。

表 2.1 人格特質類型與特徵列表

人格特質類型	特質描述	常見特徵		
探究型（investigation）	喜歡觀察、調查、分析評估與解決問題	分析	獨立	溫和
		謹慎	智力	精細
		批判	內向	理性
		好奇	重視方法	保守
藝術型（artistic）	具有藝術氣質和創新能力，喜歡創造，不喜歡拘束	複雜	崇尚理想	獨立的
		無條理	富幻想的	直覺的
		情緒化的	不實際的	不從眾的
		善表達	衝動的	獨創性的
社會型（social）	喜歡與他人工作，善於溝通，協助他人	令人信服的	助人的	責任的
		合作的	理想的	社會的
		友善的	善於理會的	技巧的
		慷慨的	善察人意的	關懷的
企業家型（enterprising）	喜歡與他人工作，善於影響、説服、管理、領導	好冒險的	精力充沛的	自信的
		野心的	衝動的	社會化的
		引人注意的	樂觀的	受歡迎的
		武斷的	追尋歡樂的	征服的
事務型（conventional）	喜歡處理資料，有文書或是數字能力，能接受上級指示工作	順從的	抑制的	實際的
		有良知的	自我控制的	謹慎的
		有條理的	缺乏想像的	保守的
		有恆的	有耐心的	有效率的
實際型（Realistic）	有運動或機械天分，喜歡操作物品、機械，樂於實做與需要體力的工作	順從	重視物質	溫和
		坦白	自然	害羞
		誠實	有恆	穩定
		謙虛	實際	節儉

這六大類人格特質，各有許多常見的特徵，請參考左邊的表 2.1。

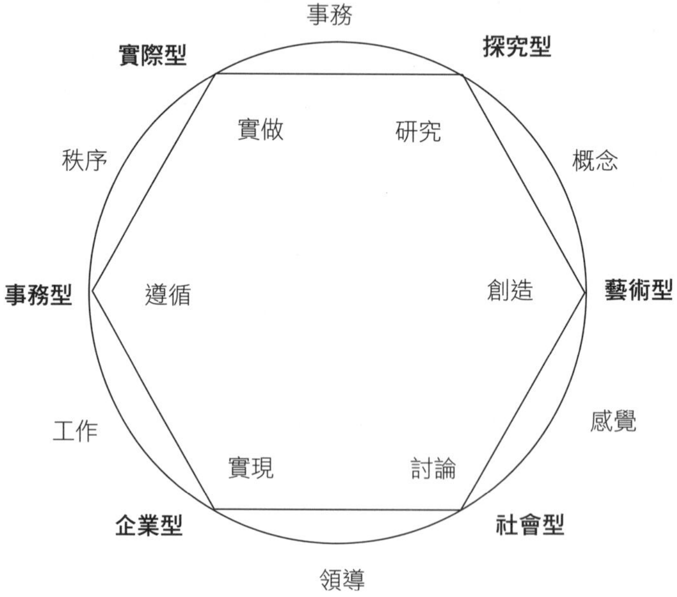

圖 2.2　六種人格特質的相異及相同點

檢視上表的特質描述，你可以大略地歸納出自己屬於哪一類型，而在本書附錄一裡還有一個活動，可以協助你更精確地了解自己的人格特質，看哪幾類的人格特質與你比較相符，而哪幾類與你比較不相符。

根據上述六種人格特質的相異及相同點可以歸納出右圖 2.2。

相鄰的兩種人格特質會有相似的特質，例如：實際型與探究型的特性較強的人，都對於事物感到有濃厚的興趣，實際型的人喜歡去拆解、組裝，藉由動手做來了解一個東西；探究型的人，則傾向於了解原理、流程，以及背後隱藏的意涵等。

位於對角線兩端的人格特質則有相反或對比的傾向，例如：事務型的喜歡循規蹈矩，按部就班，而藝術型的人則討厭墨守成規，喜歡突破與創新。

由於人格特質的不同，讓人與人之間相處或在一起工作時產生或多或少的衝突，所以了解對方的人格特質，或者選擇適合自己人格特質的企業文化，這都是在職場上必須要思考的課題。

即使是同一個人，也不可能只有單一的人格特質存在，舉例而言，或許你發現你有很強烈的企業型性格，有了好的想法迫不及待就去做，但是探究型的人格特質卻提醒你，做好完善的規劃，了解市場面，避免潛在風險，不要衝動！

你或許有藝術家的創意與豪邁不拘小節的性格，但是你的事務型性格卻提醒你，要能注意整潔，不要將桌面弄得一團亂。人之所以善變，就是因為多種人格特質在內心不斷衝突所造成。

在這一波裁員潮中，有一部分的人是因為考績的問題被列入裁員的黑名單，雖然考績的評定有一些是主管的主觀因素，被裁員的人很多也並不認同自己應該出現在這黑名單之中；然而，畢竟這已是既定的事實，對我們的生涯而言確實是一個警訊，與其憤怒與抱怨，不如靜下心來好好思考，到底自己出了什麼問題，才無法達到主管對於績效的要求。

這次被裁員的員工當中，其中有相當比例是擁有高學歷，能力並不差的人；然而，無法在工作上達到要求的績效，很有可能是人格特質與工作性質不甚相符，造成一些無法克服的心理障礙，間接影響你的工作績效。

舉個具體的實例。如果你的職位是專案經理，你必須有很高的熱情來與各單位溝通，同時具有很高明的社交手腕來領導相關單位；你是驅動與整合各單位來達到專案目標的靈魂人物，這個職位適合「企業型」的人格特質，並不適合獨善其身的「事務型」或「探究型」的人格特質。

如果是「事務型」的人格特質來從事專案經理的工作，將會有很大的挫折感，複雜的溝通介面會讓他頭痛，各單位的本位主義會讓他吃盡苦頭，如果他不善於攻心與交際，學會迂迴而行而不是單刀直入，就很難在這個職位上達到好的績效。

因此，絕對不要忽略人格特質這個看似抽象的問題，它其實是你生涯問題的根源。唯有了解自己的人格特質，才能更精確的定位自己，找到正確的方向，以及適合你人格特質的工作領域與職務。

如果你要更精確地了解自己的人格特質、職業性向，有許多資源是可以善加利用的。即將畢業的學生更可以利用學校的畢業輔導諮商中心，那裡有專業的人員協助畢業生找到自己就業的方向；出社會的人士可以尋求許多社會服務團體。另外，政府的國民就業輔導中心也都提供相關的協助；現在有一些人力銀行也開始提供免費的網路問卷及診斷分析，讓你更了解自己，並協助你找到更適合的方向。多利用這些現有資源，獲取相關的資訊，我相信對於就業、生涯規劃與職業的轉換會有相當大的助益。

2.5 審視你的價值觀

在了解自己的人格特質之後，再來就要認清你的價值觀。何謂價值觀呢？很簡單，就是你認為什麼是重要的，什麼是不重要的，什麼是有價值的，什麼是沒有價值的。對於你的生涯，你必定有所求，但這些需求有些對你而言是重要的，有些就不是那麼重要。

價值觀可以比喻成人們心中的一把尺，你用它來衡量生活中的每一件事情。價值觀是因人而異的，但並不是每個人都可以很清楚、明確地界定出自己的價值觀，多數只會隨波逐流；或者，因為環境使然而造成價值觀偏差，甚至身陷在偏差的價值觀中而無法自拔。

通常，有些價值觀是永恆的，有些卻是會變動的。你的某些價值觀在人生的某一段時期比重可能會加重，但在某一段時期，卻又變得沒那麼重要。這有可能是環境變動使然，有可能是生活加諸的限制條件造成。

但無論如何，價值觀就像一座導航的燈塔，在每一段航程中引領著你前進。價值觀是設定生涯目標的重要指標，了解自己的價值觀，才有符合自己的人生目標，進而去追求圓滿的人生。在本節中有幾個活動，可以協助你釐清自己的價值觀。

・活動一：了解你自己的欲望剖面

筆者以前並沒有認真地去審視自己的價值觀，對於自身的欲望也不甚了解，但是面對某些人事物與情境，內心中隱約有些聲音會告訴我：「那是我想要的。」一直到讀了史提芬・瑞斯（Steven Reiss）博士所提出的十六項基本欲望和價值觀，才豁然開朗，原來我們該很明確地重視這些項目。

哲學家、心理學家和行為科學家長久以來，一直在追根究底地研究人類行為的動機，並建立各種理論，嘗試去解釋與歸納出那些驅使我們行動的理由——從追求真理，滿足需求，以性為出發點，到希望盡量擴大歡樂、將痛苦減到最輕等，各式各樣的理論都有。

心理學家史提芬・瑞斯（Steven Reiss）博士透過一連串的的研究與調查，他發現我們所做的每件事幾乎都可以歸納到十六項基本欲望和價值觀裡。他在《我是誰？》一書中提出了一個理論：「以人類的十六項基本欲望做為分析自我的工具」，以下將概述這十六項基本欲望的意涵：

權力：對他人的影響力的渴望

權力代表能支配他人的一種力量，也代表具有分配資源的能力。從動物的社群行為裡我們發現團體需要領導者，以維護團體的利益和分配團體的資源；以一個公司來說，最高權力的領導者通常為總經理，享有至高的權力，可以設定目標要求各部門努力達成，可以開除不適任的員工，也可以決定各部門的績效獎金與分紅。

獨立：信任自己、自主自立的渴望

在工作中，有些人希望能夠讓自己有可以獨自發展的空間，而不是單純遵照別人的意思行事。比較重視此價值觀的人，通常對自己比較有信心，且願意承擔較多的責任，當然也希望獲得較多的肯定與讚賞。獨立性強的人一般比較適合獨當一面的工作，例如自己經營小生意，或擔任某些專業性職位，但不適合做公務員，或者是在大公司、軍隊裡任職。相對的，獨立性較低，也就是依賴性較強的人，就樂於依賴別人的協助完成工作，他們喜歡團隊，或者與能夠提供大量支持與指導的同事共事。獨立性不強的人通常很適合神職生涯，或者是團隊性質的工作，但不適合獨當一面的。

好奇：對於知識的渴望

人都有好奇心，但這裡強調的好奇，強調的是學習新事物的欲望。有些人喜歡旅行以增廣自己的視野，藉由遊學增強自己外文溝通的能力；有些人喜歡閱讀書報雜誌，藉以掌握最新的社會經濟脈動，這些都是好奇欲望比較強烈的表現。可以滿足好奇欲望的工作很多，包括教育、研究與專業性的工作等，舉例而言，大學教授、醫師、律師、科學研究員等，學習與探索是必要的，以跟上他們領域裡的最新發展動向。

接納：對於被人包容與歸屬感的渴望

被他人或團體接納，進而擁有歸屬感。在工作中，能否融入自己部門與公司的文化，成為被接受的成員，常是影響自己決定「要不要離開這家公司」的重要因素。接納欲望（指數）的高低，影響到我們在工作上可以忍受多少批評，而不致於發脾氣或沮喪。接納欲望高的人，難以忍受別人的批評，即使批評本身是有建設性的，反而那些接納欲望低的人比較能應付大量批評，不致於因此歇斯底里或悶悶不樂。

要在工作中得到快樂，有一點很重要：我們能承受的批評要與接納欲望配合才行。有些工作本身就要面對大量的批評，尤其是創作領域的工作，例如寫作、藝術、研究等；還有要面對觀眾或群眾的上作，例如演員、音樂創作、畫家、政治等。即使是大師的最新創作，在發表會後，也可能遭到「了無新意」的批評，甚至批評得一無是處。很多人會對類似這樣的批評感到洩氣，甚至提不起勁再進行創作。因此，想成這種工作性質領域裡的成功人士，就必須禁得起各方的嚴厲批評，以及可能經常碰到的拒絕。

秩序：組織、建立事物結構的渴望

當生活中的秩序與自己本性要求相符合時，我們會因為事情似乎都在控制中而感到心安。常見能滿足秩序欲望的方式包括：儀式、常規，以及對活動的計畫等。對秩序欲望強烈的人而言，讓一切井然有序，安排一個假期，或是打掃家裡的環境，都是充滿樂趣的事。這種人人格特質偏向「事務型」，在其價值觀中，秩序會是一個他們非常重視的欲望。相對的「藝術型」或「企業型」的人，可能會因為覺得自己的生活中過分地井然有序與常被控制安排好，而感到不快樂，他們需要在生活中有較多的自發性與不確定性。

囤積：聚積、收藏的渴望

就像螞蟻儲存食物以求滿足冬天能生存的欲望一樣，囤積或搜集某些東西，會讓我們感到滿足。有些人會收集郵票、錢幣或紀念品等；有些人就是喜歡購買衣服、鞋子；有些人沒有特定的搜集對象，但就是喜歡購物，喜歡將房子裡堆滿了東西，喜歡上網、上街去買一大堆東西。這些人基本上，都有很強烈的囤積欲望。

榮譽：不負父母教誨、光耀門楣的渴望

這是屬於比較道德層次的欲望，有些人渴望體會到忠誠感、獲得讚賞和肯定。有些公司裡有很多盡忠職守的員工，克盡本分地完成他的工作，有時甚至站在公司的角度來維護公司的利益。像是警察人員冒生命危險打擊犯罪，保障人民生命財產、安全，在遵循職業道德時，也滿足了他們的榮譽欲望。

理想主義：對於社會公義的渴望

這種利他主義的欲望引領人們追尋社會公義，可以透過為大眾謀福利的工作來滿足，例如公益慈善、神職、法律、政治、新聞報導、社會工作、醫療等。

社交接觸：對於陪伴與友誼的渴望

工作提供了機會讓共事的人彼此認識與交流，因此可以滿足社交接觸的基本欲望。社交欲望高的人，最適合從事經常與人互動的工作。例如外交官、業務人員、接待員、髮型師、老師等，都很適合社交欲望強的人；相反的，像實驗室研究員或動植物研究員的工作就不適合。要在家工作，對於喜歡社交的人來說，會沒有他們預期的那麼有樂趣，雖然免了通勤之苦，但也少了很多與人往來的機會。對人們而言，找一份適合待人技巧和社交接觸欲望的工作是很重要的；有時候人們會失業或者無法升遷，是因為社交技巧有待改進、對他人不感興趣、得罪上司，或者是因為很難與同事產生互動。

家庭：養兒育女的渴望

這種欲望可以讓我們體會為人父母的親情感。一般來說，工作會減少我們照顧家庭的時間，所以一般人得決定花多少時間在家庭上、花多少時間在工作上。學校的教職工作之所以搶手，部分原因是可以兼顧家庭，因為有很多假期可以和兒女相處。

地位：對於社會地位與身分的渴望

對於地位的欲望比較重視的人，總希望自己能有個比較響亮的職銜，以彰顯自己的重要性。或者，希望從事社會觀感較高的工作，例如醫師、律師、高科技行業裡的重要工作等；或者，冀望成為金融業裡的高收入者或各行業的大老闆等，有名車、高薪以襯托出自己的與眾不同。

報復：獲得公平待遇、與人扯平的渴望

這種欲望意含著需要競爭與打擊對方，以求取征服的快感。筆者發現自己過去有一段時間曾經一度陷入在這樣的欲望中：在上一家公司遭受到不平等的對待之後，跳槽到另一家同業與老東家競爭——說穿了就是為了爭一口氣。如果你覺得自己是個攻擊性很強的人，喜歡與人競爭，甚至會拿對方的失敗當作是自己快樂的來源，有很多工作就具有這樣的性質，例如律師與檢察官，或者是業務工作——與同業或同儕競爭，或者是專業運動員，例如拳擊手等，或者創業當老闆也是會面對很多競爭。

浪漫：對於性與美好事物的渴望

具有強烈浪漫欲望的人比較適合注重美感或抒發感情的工作，例如演員、藝術家、舞蹈家、攝影師與音樂家等。

進食：吃東西、填飽肚子，品嚐美食的渴望

這是人類的基本欲望，但此欲望的強烈會因人而異。有些人只需填飽肚子；有些人更想每天都吃得豐盛；有些人吃得清淡；有些人沒有山珍海味不感興趣。如果你是有強烈進食欲望的人，美食家這個工作算是相當適合的，可以品嘗美食並加以評論報導，還能有基本收入，是結合興趣與工作的範例。

體能活動：對運動與肌肉活動的渴望

運動可以增進身體健康，也可以紓解壓力。很多工作也跟體能活動有關，例如運動員、營造業、農耕、搬運、餐廳服務生等，但是你必須考量到體力是否可以負荷。

平靜：讓情緒平穩的渴望

與平靜相對的就是壓力，很多工作都存在著壓力，甚至有危險性，這些對於渴望平靜的人來說，是不適合的。有高壓力性質的工作，需要趕期限的，以及成果比較難預測的，例如證券期貨交易商，大公司的高級業務主管，外科醫師、航空管制人員等，都具有高壓的性質；相較之下，神職人員就是一種比較可以得到平靜的工作。

透過對十六種基本欲望的認識，能幫助你了解到自己是怎樣的一個人和自己的價值觀，以及為何從事目前的工作，而從事目前工作會遇到什麼樣的瓶頸。對這些欲望的認識，能夠讓你以一種嶄新的方式分析自己的行為。在了解這十六種基本欲望之後，你會發現自己的行為與人生目標和它們有密切相關。你的欲望會顯示出你心智成

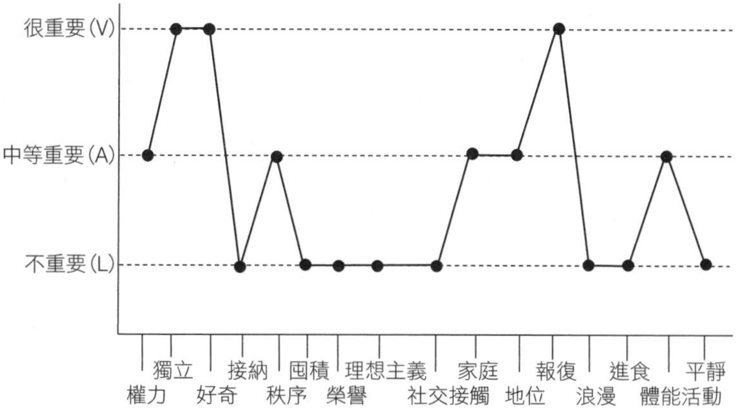
很重要(V)
中等重要(A)
不重要(L)
權力
獨立
好奇
接納
秩序
囤積
榮譽
理想主義
社交接觸
家庭
地位
報復
浪漫
進食
體能活動
平靜

圖 2.3　慾望剖面圖範例

長的心路歷程，包括對自己的期望，想成為一個怎樣的人等等。

對欲望的認識，能夠幫助你思考自己需要什麼，以及獲得你想要的幸福。附錄二中有一個活動可以協助你分析自己的欲望剖面；圖 2.3 為做完附錄二的結果後，所畫成的欲望剖面圖範例。

你也可以嘗試用此問卷去分析你的伴侶、上司或下屬，分析他們的欲望剖面有助於你了解雙方在價值觀上面的差異。許多溝通上的困難可能起因於你們本身價值觀的不同，藉此，你可以更清楚地判斷如何去拉近這樣的差距，或給予適當的尊重。

就筆者經驗而言，人的欲望剖面會隨著時間而稍做變動。在學生時期，浪漫這個欲望對我而言相當重要，然而經過時間的洗禮，肩頭責任加重，浪漫逐漸變成比較不重要的欲望。再者，有些欲望可能是你刻意去壓抑住的。

附錄二中的活動或許只能讓你得到表面的思考，但真正的聲音卻在你內心深處——你必須誠實地去傾聽，透過其他活動，你有可能會找出這樣的矛盾。例如：你覺得權力與地位對你而言，可能不重要，但在你的生涯航海圖中，你卻希望未來能有更好的物質生活、更好的收入、更體面的辦公室，甚至領導更多人來為你賺錢。

其實這些都是隱含著的權力與地位欲望，只是你不願意去正視這樣的欲望。

・活動二：生涯航海圖

如果將人生比喻為一趟航行，在你腦海的記憶中，曾經有哪些難忘的風景？曾停留過哪些港灣？有難忘的人、事、物嗎？你曾經改搭別的船隻，開始新的冒險嗎？

在此要提出另一個工具——生涯航海圖，這是腦力開發權威——東尼・博仁（Tony Buzan）所創的心靈測繪法（Mind mapping），他將其運用在生涯的規劃上。

請你準備一張大的圖畫紙或是空白的紙，找到一個不受打擾的時段與寧靜的空間，再來就可以開始進行對你心靈的探索。

首先，在圖畫紙中央畫一個圓圈或方框，寫上現在的我，接著以此為中心來聯想，對自己最重要的人、事、物，以及曾經對自己來說是最重要的人、事、物，並將所有浮現出來的意念全部寫下。

或許你的愉悅記憶已被壓在很深層的地方，腦筋一片空白，你可以思考以下的問題：

對自己而言，人生中什麼是最重要的？
在過去的記憶裡有什麼感到幸福的記憶？
什麼人、事、物會讓我感到愉悅興奮？
人生失去什麼會讓我感到空虛？
什麼可以提高自己的生活品質？
自己有什麼能力可以貢獻給這個世界？
過去、未來完成什麼事情會讓我有成就感？

你可以使用關鍵字來表現意念，而且也可以使用圖畫、符號或色彩來記錄並刺激大腦，以擴大聯想空間與突顯意念。接下來，用線條把寫出來的意念加以連結與分類，使它們相互之間的關係能夠更加清晰。完成意念分類後，再決定它們的優先順位，如果對於優先順位的排列產生困擾時，可以再次瀏覽上述的問題。

人生航海圖可以顯示自己在過去、現在與未來所處的位置。在你所描繪的圖示中，將可以展現出你潛意識中的人生觀。完成之後，眺望自己的人生航海圖，你可以就幾個問題來思考，同時深入去了解到你所重視的價值觀，以及你的人生目標與方向，這裡面也隱含你的能力、興趣等相關訊息。例如：

今後自己將往何處去？

是否已經到達人生巔峰而走下坡了呢？還是繼續往上走？抑或維持現狀？

在過去的人生過程中，自己到底獲得什麼東西？自己用什麼表徵將它表現出來？

今後象徵自己人生的事物又是什麼？

嘗試畫出自己的人生航海圖之後，交叉比對你的人格特質與欲望剖面，你將會有更多的發現。

透過心靈測繪法（如下頁圖 2.4），可以接觸到過去自己從未注意到的，更深的內部層面，按照上述的步驟與原則，筆者花了一些時間來冥想，並畫出自己的人生航海圖。

我發現，過去讓自己值得驕傲的事情有一部分是在跟讀書與考試相關的事情上面，這或許與我偏向「探究型」的人格特質有關，所以對於學習並不是很排斥，它也讓我了解到學習能力是我的強項之一。就欲望剖面而言，好奇這個欲望對我而言是比較重要的，這也說明了我本身就有很強的學習欲望，因此在學習方面的生涯表現有一定的成績。

此外也發現，創作能力也是令我感到印象深刻的人生事件。從過去曾經獲得的殊榮來看，自己似乎在創作能力上有些許的天分，但很可惜的，我沒有充分去培養及延伸這樣子的能力。

印證自己人格特質的測驗，我發現「藝術型」的人格特質積分排名在第三名，這可以佐證出「藝術型」的人格特質也深深地影響著我的表現，只是過去沒有真正去釐清。對照自己的欲望剖面圖，發現浪漫對我而言是不重要的；或許這是壓抑了我對於設計、藝術創作等方面表現的原因。

至於會走上經理人這條路，與我的人格特質和價值觀有一些相關——「企業型」的人格特質積分排名第二，加上從欲望剖面圖來分析，本身對於獨立、地位、與報復（競爭）的評價較高，顯示我希望能開創自己的一番天地。

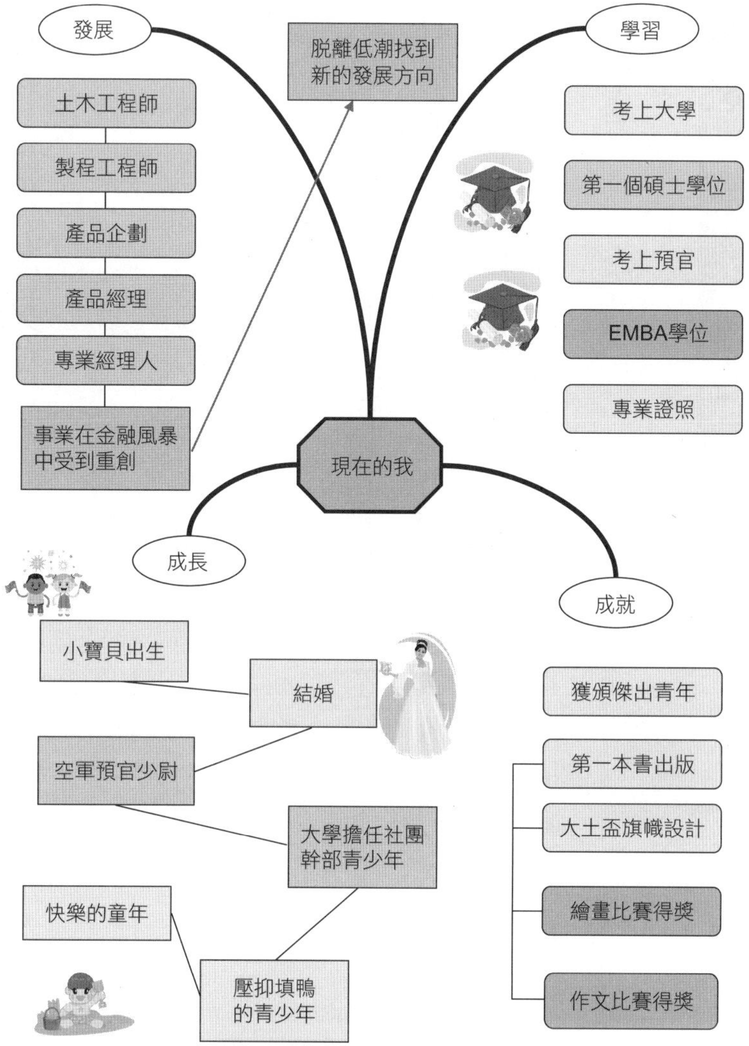
發展
脫離低潮找到新的發展方向
學習
土木工程師
製程工程師
產品企劃
產品經理
專業經理人
事業在金融風暴中受到重創
考上大學
第一個碩士學位
考上預官
EMBA學位
專業證照
現在的我
成長
成就
小寶貝出生
結婚
空軍預官少尉
大學擔任社團幹部青少年
快樂的童年
壓抑填鴨的青少年
獲頒傑出青年
第一本書出版
大土盃旗幟設計
繪畫比賽得獎
作文比賽得獎

圖 2.4 生涯航海圖範例

2.6 你的興趣與能力

每個人都有自己特有的人格特質，面對不同的環境，每個人都有相對的優缺點，所以每個人適合的生活方式、成功路徑和行業都有所差異。不必羨慕別人的成功或成就，天生我材必有用。

如果你的工作與你的興趣能緊密結合，這種滿足可是千金難換的，唯有選擇適合自己的職業，在自己可以充分發揮的環境中，才能擁有高品質的人生。

在這裡所強調的興趣與能力可用來成為謀生的工具，而不僅是用來做休閒與消遣的興趣與能力，以下有一個活動可以協助你來找尋自己的興趣，請花點時間來做這樣的一個活動。

‧活動三：生命的故事

表 2.2　生命的故事紀錄表

故事種類／生命階段	休閒		學習		工作	
	活動	成就	活動	成就	活動	成就
6 ～ 13 歲						
13 ～ 18 歲						
18 ～ 22 歲						
22 ～ 25 歲						
25 ～ 30 歲						
30 ～ 35 歲						
35 ～ 40 歲						
40 ～ 45 歲						
45 ～ 50 歲						
50 ～ 55 歲						
55 ～ 60 歲						
60 ～ 65 歲						

我們研究歷史，最主要是要鑑往知來。每個人的成長軌跡，就像一段歷史故事，從過去的事件當中，我們可以找出自己的興趣、能力，也可以釐清上一節所強調的價值觀。

這個活動的目的，即在請你回憶一些快樂、值得驕傲，讓你有信心的經驗。你必須花上一到二個小時，把生命中的大事，努力且詳細地回憶一遍，並依下列步驟，完成活動。

步驟一：參考表2.2的記錄表，將生命中值得歌頌的大事，先簡略地記錄下來。不要拘泥於表格的形式，不要受限於表格的大小，盡你所能列出這些大事。

步驟二：將印象最深刻的五件事，用一到二段的文字，詳細地在一張紙中描述出來。描述時，請包括下列二個重點：

1 **活動：**事情本身是有趣、有挑戰性，或是你想學習、創造和製作的。

2 **工具或方法：**完成該項活動所需的物體、材料、工具、儀器；集合所有幫助你的關鍵人物；所掌握的重要資訊。

3 **成就：**完成工作、解決問題、戰勝挑戰、製成成品或精熟學習。

以下分享一個筆者「生命的故事」的範例：

透過上一節「生涯航海圖」這個活動的幫助，我回想起大學時代曾經在系學會擔任過公關組組長。那一年正好遇到由我們學校來主辦全國性大學土木系的聯誼競賽活動，我們將之簡稱為「大土盃」的活動。在會長的分派下，我負責規劃、宣揚系所特色與大土盃精神的活動。

接受到這樣的一個任務，我覺得非常有挑戰性和發揮的空間。首先，我找了一群優秀的學弟一起來參與；透過腦力激盪，我們規劃出了幾個具有特色的活動項目。其中一個是在晚會會場上豎立一個大土盃的精神堡壘——運用系上材料試驗所的水泥圓柱試體來堆砌出一個雄偉的堡壘。

除了強調廢物利用外，另一方面，在建構的過程中也吸引了其他系所同學的目光，達到廣告的效果。此外，我們還設計了「紙橋承重」的比賽，此舉就是希望讓沒有參與體育競賽的人也能有一個發揮的空間——參賽者只能利用一定數量的厚紙板來製作，但是橋的形狀不拘。這個活動不但讓參賽者發揮創意，也可以讓參賽者運用所學的結構力學，來建構一個耐重的結構體，是一個相當具有土木系所特色的比賽。

活動在開始前就吸引了很多學校報名參加；活動當天，耐重測試的會場更是吸引了很多人潮前來圍觀，包括系上許多教授也到場關心。

由於位居公關角色，我們也必須去找一些廠商贊助。我將活動企劃書提給了知名飲料公司，也得到了飲料公司的認同，同意贊助晚會的經費，他們還派遣現場飲料宣傳車到會場提供免費飲料，增添了活動的豐富性。活動圓滿結束後，系主任頒發了獎狀獎勵參與這次活動的幹部們。這張獎狀，我至今仍細心地保留著。

這一段歷程讓我深深感受到自己與人共事及相處的能力，是有獨到之處。自己有說服能力，能讓一群學弟願意為一個理想來一起努力；也有教導與督導的能力，能夠從旁指導並如期地完成任務。此外，我也比較渴望獨立的作業，系學會會長充分授權給我，只給大方向，我就可以獨立去規劃並完成任務。

回想起來，就讀研究所時會選擇走管理方向，可能與這段經驗多少有點關係；這一段經驗加強了我的信心，讓我對於人方面的處理、溝通、計畫與統合能力有一定的自信。

由於人類的需求相當多元化，衍生的行業別、職業內容更是多如牛毛，很難一一條列。你會從事那樣的行業，也代表你對那一方面有一定的興趣；但有時候，興趣的產生是因為長輩的期望、成長背景、學習環境，以及你遇到的人所帶給你的一個機緣。例如父母都是學習音樂的，孩子在耳濡目染之下也會希望成為一個音樂家。

這裡所要強調的是，要能找到成為你職業的興趣，這個工作本身對你應該是有趣、有挑戰性、是你想學習、創造或製作的。它可能與你的人格特質有相關聯，與你的價值觀也有連帶關係，你應該越早去將它界定清楚越好，並且在生涯早期就能多探索職業世界，多蒐集資訊。

大學有許多徵才、就業博覽會的活動，你應該主動去參加。台灣年輕的新世代在父母羽翼下，保護過當，往往失去了「主動覓食與求生存」的危機意識與主動積極的心態；在此，筆者希望年輕的新世代要調整自己的習慣，最好年輕時就要勇於嘗試，能實際去參與一些工作機會，驗證自己的興趣與能力，若經濟狀況容許，甚至可以出國遊學，增長國際觀並找到新的創意與機會。越早找出可長可久的興趣，當成你的終身職業，每個人將會有一個比較圓滿的人生。

然而，光是有興趣但沒有能力，仍是無法達成你所要的目標。能力是指達成某件事所需具備的技能，如果以深度來分級，可以概分為五個等級：

第一級（L1）：僅具粗淺概念

第二級（L2）：已入門，但需要他人支援

第三級（L3）：能獨立作業，偶而需要他人支援

第四級（L4）：能獨立作業，也能支援他人

第五級（L5）：專家水平，能教導他人

表 2.3　能力盤點範例

技能項目＼選擇盤點	已具備技能水準 L1 ～ L5	應具備技能水準 L3 ～ L5	技能水準差距（＋／－）
電腦輔助繪圖能力	L2	L3	－ 1
日語表達能力	L2	L4	－ 2
英語表達能力	L4	L3	＋ 1

當你確認自己的興趣，可以針對自己的能力進行盤點，了解自己在此方面的能力與就業市場中的要求，是否存有落差。表 2.3 為用來做能力盤點的依據，公式：

已具備技能水準－應具備技能水準＝技能水準差距

每個職位應具有之技能水準，依公司規模或公司政策要求不一，但就一般狀況而言，公司要錄用你，通常需要你具備第三級以上的能力。

透過上表的盤點，你可以了解自己的能力在怎樣的水準，是否達到謀職或謀生的水準，而之間的落差，也是你必須透過各種學習管道去加以補強的部分。

2.7 如何選定你的生涯型態

生涯型態的選擇能在生涯早期就確立比較有利，越到晚期，所受到的限制條件就越多。依據上一節所提到的六個人格特質為基礎，加上對公司的歸屬意識，以及業務範圍來區分，可歸納為圖 2.5 的生涯型態區分圖。

在這裡，又將企業型的人格特質區分出總經理型與創業家型兩種生涯型態。以下將介紹各類型的意涵：

1. 總經理型

此類型的工作型態比較注重人際關係，有強烈的組織歸屬感，並以身為組織領導者來推動工作為己任。喜歡有組織性的工作，期望在組織中逐步升遷。雖然不一定具有深厚的專業知識基礎，但普遍擁有統合各範圍的知識與能力。不喜歡一直專注於某

圖 2.5　生涯型態分類

一項事務，卻喜歡和各種人接觸。相較於上班族型，較具活動力，對於自己的管理能力也相當有自信。

2.專家型

喜歡此類型的工作型態的人，對於能夠發揮自己的專業能力而達成工作任務，具有相當大的喜悅感。擁有特定的技術或職務，對於從事技術性的工作，並能夠針對該工作發揮自己的才能來達成目標，通常感到興致勃勃。堅持徹底做好每一項工作，喜歡參與工作，但卻不喜歡成為一位管理者。

3.創業家型

喜歡此類型生涯型態的人，希望自己能夠握有主導權，來領導組織運作。喜歡創造新的組織，並具有強烈的擴張欲望。與總經理型一樣充滿活力，但對於總經理型喜歡在既有組織裡升遷，創業家型則是「熱切希望最初就站在領導地位、熱切渴望以經濟上的成功來實現自己的夢想」，但是往往卻因為過於激進極端，在面臨許多困境時，就需要優秀的總經理型的人來協助管理。

4.專業型

此類型的人比較有追根究底的精神，喜歡在自己的專業領域上發揮，不想被侷限於單一組織內。這類型的人希望能在專業領域中表現優秀，也希望能滿足他不斷研究、發現、創新的好奇心；有些人擁有策略能力、有些人有較強的邏輯推理和分析能力、有些人則擁有優秀的概念技能與人際關係技能。許多技術顧問、財務顧問、研究分析相關等職業都屬於此類型。

5.藝術家型

最關心是否能夠發揮創意，不會侷限於現有的思考模式，喜歡新的事物。由於藝術家型的工作者是比較以自我為中心的，加上興趣結合工作，對於以自己為出發點的工作相當熱情與投入，這一點與創業家型的人相當類似。但是藝術家型由於浪漫的價值觀使然，容易脫離現實，然而有時也會因熱情而堅持到底，而有突破性的發展。

6.獨立自主型

討厭束縛，喜歡自律性的工作。因為對獨立或自由的狀態相當關心，因此不喜歡在組織中工作，尤其是大型的組織。這類型的人有些選擇自己開店，或者從事貿易商、仲介商的工作——擁有各種不同領域的能力，以及完成工作的力量。如果能夠在依照自己步調的環境中工作，並充分發揮實力，會感到滿足。這類人具有強烈的獨立導向，如果能夠在較少限制與擁有個人責任制的組織中工作，將會發揮極大的力量。

7.上班族型

穩健可靠，規避風險，渴望安定，喜歡在大型企業中工作，對於交付的工作都會全力以赴。凡事追求平衡，不會貿然採取偏激的行動；會因時間的累積擁有某些方面的專業技能，然而有時會因工作態度與公司環境等問題，無法充分發揮自己的能力。

總結前幾節的內容，你應該已經對自己的人格特質有所了解，對照於這幾個生涯型態，你也可以將自己再做一個更精確的定位。

2.8 如何設定你的生涯目標

做過上述章節的活動，你開始重新認識你自己，了解自己的人格特質、價值觀、興趣與能力，等於船有了方向，也知道自己的噸數有多少，燃料有多少。接下來，我們就應該了解「要航行到哪裡？」，否則就會茫茫漂泊於人生的大海中，不知所措。

訂定目標很容易，但訂出好的目標卻很難，所謂好的目標是指這個目標符合以下的特性：

1.是你想要的

2.是具體、明確的、可數量化的

3.是具有挑戰性的

4.是能夠達成的

前面提過，許多人在未脫離依賴雙親的階段，很多目標是在父母親的意志主導下，你被迫去完成的。但是，隨著年紀增長，離開父母親的羽翼，開始展開你的獨立生涯，你可能會碰到很多的掙扎，畢竟那不是你想要走的生涯軌道。

這裡一直強調「事業的成功是需要累積的」，前提當然是要全心投入，如果目標不是你想要的，其他三個條件根本不具意義。

再者目標的明確化是很重要的，沒有說出數字的目標等於沒說一樣。有人的新年新希望說：「我今年要努力賺很多錢。」那多少錢算「很多」？設定這樣目標的人，可以不用太努力，因為他沒說出他真正想賺多少錢。

人是有惰性的，沒有數量與期限的目標是不會產生壓力的，就像你帶領一個業務團隊，卻沒有給他們設定一個明確的目標，他們就沒有追求業績的壓力——你會發現時間一到，業績一定不怎麼理想。所以，如果你要以「薪水的成長」或「年度的所得」來設定目標，那就應該設定：「一年後，年收入五十萬；二年後，年收入六十萬；三年後，年收入七十萬」類似這樣的目標。如果你想寫書，你應該設定：「一年內我要出三本書」，這樣才能衡量出你的產出數量與期限，你才能更詳細地去擬定細部計畫。

不過，還要注意到的是，要有挑戰性。如果已經是年收入四十萬的人，他還要訂「一年後，年收入四十五萬」，就不太具挑戰性；但是，你也不能訂一個天馬行空，超出自己能力範圍的目標，那就和沒有訂出明確的目標的意思類似。

具有挑戰性的目標可以激發你的潛能，超越自我所能獲得的喜悅，它絕對是你生命中很難抹滅的記憶；超過能力所及太多的目標就不是很理想，變成是妄想，非但不能激發潛能，還可能讓你失去信心。

訂定目標，是要不斷地去嘗試與學習的，畢竟，每個人的資源、環境、條件不同，不像高爾夫球在每一洞都有標準桿來作為努力的目標，但只要掌握上述原則，你一定可以設定出確切的生涯目標。

第 3 堂課

面對生涯的十字路口

要勝出，得有藍領的傑出技能和白領的商業頭腦，也就是所謂的「紫領」，才會是各個行業中最搶手的人才。

碰到可怕的金融海嘯，許多企業遭受到嚴重衝擊，影響當然也就波及到員工。政府雖然有發放一些失業補助津貼，但對大多數人而言，只能略為減輕負擔，並無法解決全盤的問題。

大環境的因素，很難讓這些失業的人在離開原有的崗位後，很快找到下一個棲身之所。大部分被資遣的員工都是茫然無助的，尤其是身為家庭支柱的人更會覺得手足無措。

過去即使是年薪百萬的主管，在此次海嘯中也難逃一劫；有風險意識的人，或許會保有撐過這段就業空窗期的本錢，但大部分的人應該都已經有了「等同收入的消費習慣」，能保留風險基金的人真的不多。

在這艱苦時刻，有人選擇放下身段來接受政府提供的短期就業方案，或趁放無薪假期間做點小生意貼補家用，但在這一段時間找工作，已經不再像以前那麼容易，更別說是中高齡的失業者——除了尋求就業輔導中心的協助與政府失業補助之外，在這危機時刻，也是迫使人們要重新思考自己生涯方向的轉機。

雖然失去工作的原因，大環境不景氣的因素占了大部分，但是仔細去思考，很有可能是起於個人。

生涯是一連串的選擇，你今天的狀態，可能就是過去某個抉擇點所「做下決定」的結果。然而，懊悔過去的抉擇已經於事無補，我們唯有在現在的生涯十字路口上，做出適合自己的生涯抉擇，才會在更遠的未來得到比較滿意的結果。

3.1 當你出現在裁員黑名單中

大部分的人在得知自己被裁員時，第一個反應是「否認」與「震驚」，很多人不敢相信自己在主管的眼中竟是如此一文不值——想到過去為公司辛勤付出，最後卻換來這樣的結果。接下來的反應就是充滿憤怒，對過去不肯與自己合作的同事充滿怨懟，對主管處處找麻煩更是憤恨不平，也埋怨上天對自己是如此不公平。

一段時間之後，失業者便會進入沮喪的低潮期。由於生活頓失重心，對很多事情會開始充滿悲觀的想法；由於失去經濟來源，接著就要面對債務的恐慌。這一連串反應是大部分遭到裁員的人的寫照。如果沒有積極作為，他們很容易深陷這個生涯泥沼，無法自拔。

要掙脫這個泥沼，首先需要調整自己的心態。如果失業是因為大環境因素，就不要太自卑；但如果肇因於個人問題，就必須好好地檢討自己過去的表現，檢視自己究竟出了什麼問題。與其沉溺在這樣低落的心情當中，不如趕快檢討自己的經濟狀況、就業競爭力及人生方向與目標順位。

1.盤點自己的財務狀況

過去在景氣好時，買房、買車感覺上負擔不大，一旦失去工作時，這些貸款很快地便成為負擔。所以，趕快盤點你的資產與負債；你每個月的花費有哪些？哪些項目可以精簡或捨去。

過去你累積的資產，例如保險、股票與基金等，在損失較小的狀況下是否可以借貸、變現或贖回？以作為撐過這段非常時期的依靠。而房貸部分可以跟銀行協商降低利率或延長還款期，或爭取在失業期間只繳利息。

2.嚴格控制自己的支出

過去在公司的羽翼保護下，人們或多或少養成了揮金如土的習慣。然而，根據勞委會最新的統計，失業者平均待業期可能拉長到七個月，因此嚴控生活是不得不面對的課題。環視你週遭的物品，是不是有不少東西使用機率不高，但卻花掉你相當多的金錢？當你有購買奢侈品的衝動時，一定要問自己，使用機率很高嗎？一定要現在買嗎？有其他替代方案嗎？畢竟，你必須要在有限的資源下，撐過這段漫長的待業期。

3.趕快尋求政府資源協助

平常，從我們的薪資當中扣除的勞工保險，在失業時就成為一種保障。被裁員後不要躲在家中自怨自艾，請趕快到各地就業服務中心請領失業給付，依現在的法令規定，你可以請領過去六個月平均投保薪資的六成。雖然不多，然而對於生活的必要支出，會有些許幫助。

此外，政府為了搶救失業，釋出大量的短期就業方案，並辦理了失業者職業訓練。在受訓期間，還有生活津貼補助，受訓完會主動媒合工作，應該要善加利用。

（附錄三中節錄了此次政府釋出的搶救失業資源，請多加參考利用。）

4.維持正常作息

剛脫離規律生活的上班族，頓失生活重心，大部分的人都很難調適。通常，心志能量比較薄弱的人，更容易陷入消極逃避的泥沼當中；極端的人，每天作息開始混亂，半夜睡不著，直到睡著卻已經天亮，時間一久就造成惡性循環。當你與家人的作息有落差時，也很容易會造成家人對自己的不滿，久而久之會累積成為更大的摩擦。

維持作息正常，對於失業者而言是最重要的；維持正常的作息才能有充足的體力再去尋找新的機會。

5.尋求人際網路的協助

失業者礙於面子，對於週遭的人都會想加以隱瞞，但這樣的心態，反而會對自己造成更大的壓力。有家庭的人，應該與伴侶充分溝通，一起想想該如何度過這段黑暗期，另一半也應該充分體諒與協助。而對於好友、人脈網路，不要刻意閃躲隱瞞，你更應該讓他們知道你正待業中，同時尋求他們的協助，此舉或許有機會可以幫你找到新的工作機會。

3.2 檢視你的生涯資產

凡走過必留下痕跡，過去在求學時，你累積了一些基本常識，也學習了一些專業知識與技能；出了社會，在職場工作了一段時間後，更務實地將專業知識運用在工作上，並學習到書本上無法獲得的知識與技能，這些都是你生涯所累積的資產。在重新出發的這個點上，你還是要停下腳步來清點你所擁有的生涯資產，讓它有機會再加以發揮與應用。

生涯的能力指的是個人整體的潛能或是學習能力，是個人經由學習所獲致的知識與技能，應用到職場工作與日常生活中，能幫助個人完成價值目標的具體行為能力。講得更具體一點，生涯資產就是你可以被雇用或賴以謀生的資源與能力。

生涯資產廣泛地涵蓋學歷、經歷、人脈與專長。

1. 學歷

過去你所學習的專業知識，會是你專業能力的理論主幹，而讓其枝葉更茂盛的，是你後來所從事的工作內容。學歷或許不是你生涯最終的決勝關鍵，但卻也深深地影響你的觀念與未來就業方向。大多數的人會持續地走與自己學歷相關的職業生涯，然而，也有很多人在轉換跑道後，反而開創出新的一片天。

在這變動快速的時代，企業的觀點也逐漸修正，過去以學歷為主軸的取才條件，逐漸轉變成以證照與專業技能檢定作為主軸。

2. 經歷

過去所從事的工作內容，是你的生涯履歷中最重要的部分，在各個工作中你所累積的經驗與能力是雇主最重視的部分。舉例而言，過去如果你都是在中小規模的公司工作，你累積到的工作技能可能會比在大公司中來得多，但是當你想轉到大型公司的時候，因為分工細密，你所需要做的事情就沒有那麼多，反而是因為溝通介面的擴增，你將花很多時間在溝通與協調上，而跨部門的溝通協調能力，可能是你過去所忽略的能力。

3.人脈

很多書都在強調人脈的重要，但卻很少人真正用心去經營。經營人脈是所謂的一種軟實力，它不像其他專業知識般有如此理論與規則可循，端看你用了多少心思與關懷去進行。人脈到要用時方恨少，所以回想一下，你過去所認識的人，朋友、師長、供應商、客戶、過去工作的同事、上司等，平常應該釋放一些訊息與保持聯繫，現在電子郵件就是一個很好的工具，不用花多少成本就可達到效果，不要吝惜花這個時間，記得定期問候與提供一些新的訊息。在你最困難的時候，這些人有可能就是你諮詢與協助的對象，也有可能是你未來創業的夥伴，所以不要忽略人脈的重要性。

4. 專長

中國人「唯有讀書高」的觀念，在這個時代必須被修正。過去的觀念認為書念得高一點，就可以找一個比較輕鬆的主管職；在這個年代，白領管理似乎不再是一個專長，你必須要有更深入的專業技能或Know-How，才能確保你的不可替代性。即使你有傲人的學歷也不要認為已經高枕無憂，這時你更要培養不可替代的能力——如果是可以獨立作業，賺取酬勞的技能就更有保障。例如，如果你有外語能力，更有口譯的技能，就不用擔心離開公司後無法生存。

請你花點時間，開始好好地檢視你的生涯資產清單，這是你決定走下一步之前，相當重要的參考資料。

3.3 SWOT分析

生涯除了要面對一連串的選擇，也要面對一連串的競爭；企業在市場上要面臨到同業的競爭，個人同樣也會面臨到其他人的競爭。尤其是在這不景氣的年代，一個職缺甚至可能吸引幾百人同時角逐的狀況，因此競爭優勢是無法避免去思考的問題。

企業在思考競爭優勢與策略時，會考慮到所處的市場環境，思考如何突顯自己的強項並抓住市場的機會才能贏得市場先機，而一方面也要考慮自己的弱點，了解對企業造成的威脅因子，才能避免遭受重大的衝擊。

所謂的SWOT分析，就是要針對自己的強項、弱項、機會與威脅等四個層面來剖析。

強項（Strength）：你最傑出的部分，比別人更獨特之處或可以提供的附加價值。

弱項（Weakness）：你顯然不足的地方，或相較於他人比較落後的特質。

機會（Opportunity）：外部環境是否有對你有利的機會。

威脅（Threat）：外部環境是否有對你不利的因素。

在你要做人生重大轉折之前，先好好想一想。

舉例而言：筆者當初從土木轉到電子就是生涯的一個重大轉折。在二〇〇〇年時，由於網路科技帶動台灣電子業及資訊業新一波的成長契機，當時業界一片榮景，工廠因訂單滿載，生產及加班不斷，新公司紛紛成立，也造成有大量職缺求才若渴。

如果就當時的時空背景來分析，要跳到電子業擔任製程工程師的 SWOT 分析：

強項（Strength）	弱項（Weakness）
碩士學歷，擅長邏輯推理與分析，很多公司到處搶人	電子相關基礎知識不足，對於工廠的流程不熟悉
機會（Opportunity）	**威脅（Threat）**
學習能力強，電子資訊業釋出大量職缺，新公司願意培養新人	從事一段時間後若不適應，要轉回本業，所累積的資歷沒有加分效果

因為當時選擇的職缺為製程工程師，所需專業知識的難度相較於研發工程師來得低，因此在當時就業市場缺人的狀況下，讓我有機會順利轉換跑道。

透過前一章的活動，你應該對自己想要什麼有更深一層的了解，且對於人生的目標有更具體的概念，而在這一章節中，你應該嘗試去聚焦，針對某個你想從事的職務或者事業去分析。

如果你只想從事與之前一樣的職務，雖然那只是換個公司的問題，但是針對別家公司開出來的條件，你一樣可以進行這樣的分析。

如果你想要開創一個新事業，除了SWOT的分析之外要考量的因素更多，你必須再去找幾本有關創業的書籍研究一下，如果有從事那個行業的成功人士可以諮詢的話，也是不錯的參考。更實際的，先在相關領域從事一段時間，更能深切了解那個行業的關鍵成功因素。

3.4 決策分析工具

很多人在面對不理想的現狀時，通常都會想：「如果當初做決策時，我做了另一個選擇，現在的結果應該會比較好吧？」生命的奧妙就在這裡，每個人都無法重新來過，你也無法完全正確預知每一個選擇背後的結果。

在大多數的狀況下，「等待決策」的問題並沒有想像中如此單純，例如上述針對職業生涯轉換的問題，大部分的人會牽涉出更多層面的考量，這時最好有一套決策的工具來協助你處理決策過程，讓決策時所應該考量的資訊都能涵蓋，並以系統化、理性的方式做決策，避免因直覺、感性等因素，造成「決策錯誤」的遺憾。

輔助決策的工具很多，其中影響圖與決策樹是相當實用且簡單易懂的工具，特別是針對不確定狀況下的決策。以下簡明扼要地介紹這兩個工具，並舉一個簡單的實例，讓大家快速地了解如何應用。

・工具一：影響圖

在做一個決策時，你可能會出現許多考量點，你如果將這些考量點加以分類，並將這些考量點的順序串聯起來，然後用圖形來表達，就會構成一幅影響圖。它可以表現出你進行這個決策的思維架構。

影響圖主要可以用幾個符號來表示：

1. 決策點：以矩形□來表示，裡面列出決策的方案。

2. 機會點：以橢圓形○來表示，裡面列出不確定的事件，各種機會將產生不同的結果。

3. 計算節點或結果：以四角圓弧之矩形▢來表示，它代表結果計算出來的數值，例如期望報酬率，產品銷售量。

4. 影響關係：以箭號↓表示，箭號起始端的節點，將影響箭號終點端的節點。

舉個具體的範例來說明，更容易讓大家了解到決策是如何建構的。

影響圖範例：

Jason是一個大學應屆畢業生，服完兵役，正好遇到這波金融海嘯來襲，由於自己修的又不是熱門科系，因此他開始抉擇是否要繼續報考研究所，還是等待就業契機來臨前，先累積工作經驗。他希望能做出一個對自己未來最有利的抉擇，哪一種決策會讓他帶來比較高的收益。

在這個決策問題裡面，他可以採行的方案有兩種：

繼續升學

就業

在做這個決策之前，他必須有更完善的資訊才能協助他做出比較有利的決定。

如果選擇繼續升學，他必須要了解，就他的所學科系，在就業市場上對於研究所學歷的需求狀況如何，其就業的廣度與報酬又在如何的水準。相較於「投入就業市場」，他將損失兩年的收入，加上必須付出學費，這些都是投資，而且畢業後的薪酬是否可以回收？

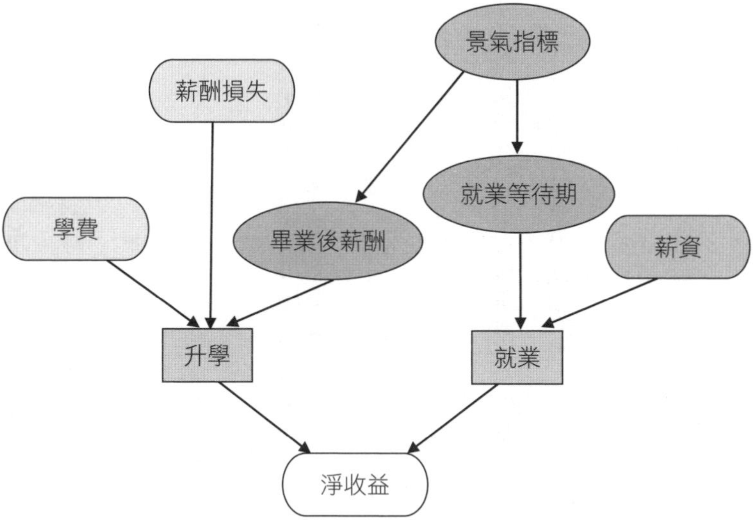

圖 3.1　Jason 的升學與就業決策影響圖

如果選擇先就業，那他可以忍受的就業空窗期有多久？在這一段空窗期內，以時間來換算成本的話，這是他的損失的收益。

簡單地將上述的決策目標以及決策因子畫成影響圖（參考圖3.1），Jason將可以更請楚地了解自己決策的思維架構，協助他做出比較有利的決定。

畫影響圖時，有幾個觀念要注意：

1. 影響圖不是流程圖，它不是表達決策從發起到定案的流程，而是你所面對的決策情境中，各個層面的互相影響關係。

2.每個節點間不應該有循環產生。

隨著你決策層面的擴大，影響圖也會擴大，這也表示你面對的是一個複雜的決策問題。但是，一開始最好先將決策問題簡化，先架構出簡單的影響圖，再嘗試著將其他決策因子加入，這樣會比較容易建構出複雜的影響圖。

‧工具二：決策樹

影響圖雖然可以呈現決策中不確定事件與決策元素之間的複雜關係，但是它所包含的資訊較少，但根據上述之影響圖，我們可以將其轉化為「決策樹」的模型。將決策樹展開後，其所包含的資訊較為完整，並可進行量化的分析。

決策樹主要由「節點」與「分枝」兩個元素所構成：

1.節點：節點有兩種。

(1)一種為決策點，以矩形□來表示。這種節點將面臨多個方案的抉擇，所以決策點所連結的分枝代表等待決策中的一個方案。

(2)另一種節點為機會點：以圓形○來表示，機會點所連結的分枝代表不確定事件。

2.分枝：以——來表示。

決策樹範例：

如果將上述 Jason 的兩個決策方案，用六年的時間來比較：

方案一：假設他現在投入就業市場的薪資是每個月 22,000 元。

隨著景氣上升每年有五%的調薪機會，我們可以算出六年下來，他所累積的收入為 1,795,705 元。

隨著景氣下滑，每年有減薪二%的可能性，我們可以算出六年下來，他所累積的收入為 1,506,881 元。如表 3.1 之計算結果。

表 **3.1**　方案一年收入計算表

年／年收入	景氣上升（每年調升 5%）	景氣下降（每年調降 2%）
第一年	264,000	264,000
第二年	277,200	258,720
第三年	291,060	253,546
第四年	305,613	248,475
第五年	320,894	243,505
第六年	336,938	238,635
合計	1,795,705	1,506,881

表 **3.2**　方案二年收入計算表

年／年收入	景氣上升（每年調升 5%）		景氣下降（每年調降 2%）	
	最樂觀薪資	最悲觀薪資	最樂觀薪資	最悲觀薪資
第一年	—	—	—	—
第二年	—	—	—	—
第三年	396,000	336,000	396,000	336,000
第四年	415,800	352,800	388,080	329,280
第五年	436,590	370,440	380,318	322,694
第六年	458,420	388,962	372,712	316,241
合計	1,706,810	1,448,202	1,537,110	1,304,215

方案二：假設他選擇「先升學後再就業」，扣除研究所兩年的時間，他的工作時間只有四年。

在景氣上升的時候，每年會有五%的調薪機會，就業薪資在最樂觀狀況下可以提升到 33,000 元，四年下來，他所累積的收入為 1,706,810 元；薪資如果以最悲觀的水準 28,000 元來預估，四年下來，他所累積的收入為 1,448,202 元。

遇到景氣下滑，每年有減薪二%的可能性，薪資仍以最樂觀的水準 33,000 元來預估，四年下來，他只累積 1,537,110 元；薪資如果以最悲觀的水準 28,000 元來預估，同樣的四年下來，他所累積的收入僅有 1,304,215 元。

在上述狀況下他所累積的收入可在表 3.2 詳見。

Jason 踏出校門後的薪資水準與景氣好壞都是不確定因素，可以用機率來預估。畢業後薪資如果可以達到最樂觀水準，景氣持續上升的機率就很高；相對的，畢業後薪資若只能達到最悲觀水準，景氣持續下降的機率就很高。

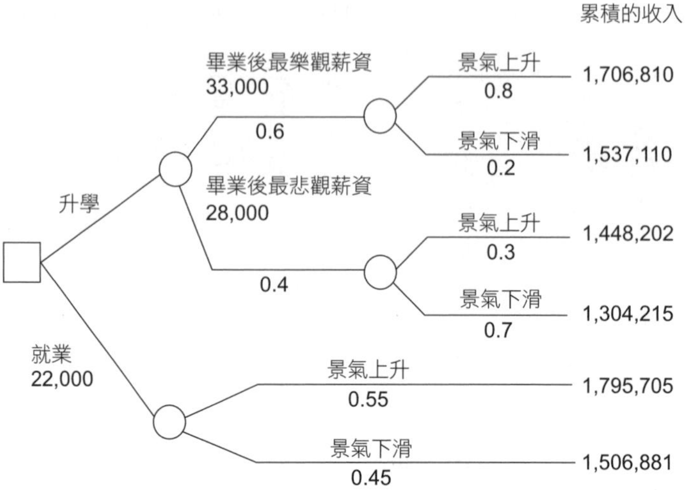

圖 3.2 Jason 的升學與就業決策樹分析圖

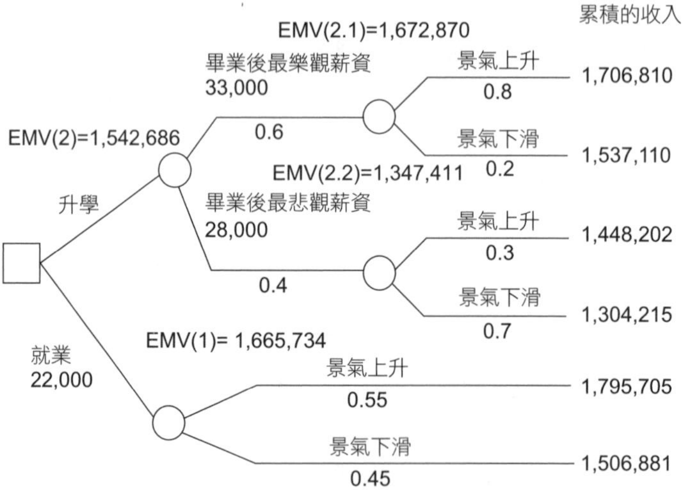

圖 3.3　Jason 的升學與就業決策 EMV 值

如果將上述 Jason 的決策問題用決策樹模型來表達，可以畫成如圖 3.2 的決策樹分析圖。

經過決策樹的建構之後，進行決策的參考資訊將清楚呈現；Jason 將可計算各個決策方案的期望值。在實務操作上，金錢通常是衡量方案的最重要的指標，決策樹的結果最好都能以金錢價值來衡量，所以方案間的比較，會以「期望金錢價值」（Expected Monetary Value，EMV）來作為決策準則。

計算「期望金錢價值」——EMV 是用反推的方式來計算，也就是由決策樹的尾端向前推算。

每個機會點的 EMV 就是所有可能的結果，乘以個別發生的機率，並將這些結果加總起來。

以方案一來估算 EMV

EMV（1）= 1,795,705 × 0.55 + 1,506,881 × 0.45 = 1,665,734

以方案二來估算 EMV

EMV（2.1）＝ 1,706,810×0.8 ＋ 1,537,110×0.2 ＝ 1,672,870

EMV（2.2）＝ 1,448,202×0.3 ＋ 1,304,215×0.7 ＝ 1,347,411

EMV（2）＝ EMV（2.1）×0.6 ＋ EMV（2.2）×0.4 ＝ 1,542,686

將圖 3.2 的數值做反推計算及加總後，可以計算出兩個方案的 EMV 值，見前頁圖 3.3。

比較升學與就業兩個方案的 EMV 值後，Jason 將發現由於升學之後讓他薪資所得提高，即使是損失了兩年工作時間，即使有景氣波動因素，六年後在整體收入上，並不會比直接就業來得差。所以他在這個時間點投入就業市場，並非最好的選擇，反而是充實自己、增加自己在就業市場上的附加價值，前途會更好。

3.5 學歷vs.證照

古諺有一句話：「萬般皆下品，惟有讀書高。」這樣的思維潛移默化地影響著我們的社會，因而大家對於升學主義有根深蒂固的優越觀念；然而，這次金融海嘯中，高學歷的失業率創歷史新高，更加深了「學歷無用論」。

過去高科技產業全盛時期，可以提供較多的管理職缺，也提供了高學歷的人有較多的就業空間。在景氣好時，企業大舉擴充，資深員工晉升上來者，未必懂得管理知識，其技能也未必因為自己成為管理者而有所提升。這時，白領的工作變得相當尷尬，最後在部屬口中落得「只會出一張嘴，卻也管理不出什麼績效」的不堪評價；當不景氣時，對於企業而言，這樣的白領反而不如動手實作、具有實際生產效益的人，因此很容易就列入裁員名單。

自從教育改革以來，廣開大專院校，放寬了就學的門檻，使得大學生的素質越來越不符合企業的期待。加上許多大學教授並沒有實務經驗，教出來的內容與企業界的需求仍有一大段落差，除非企業願意多花成本重頭培訓，否則大學或研究所畢業生能順利進入職場的機會將一直被壓縮，尤其在這經濟不景氣時，畢業等同失業。

此外，高學歷者在職場上多數放不下身段，很多人都患有很嚴重的「職場大頭症」，不太願意從最基本的事情做起；或者認為自己的表現，公司高層都沒有看到，付出與收穫不成正比；或者是抱著「坐這山望那山」的心態在工作。

根據人力銀行的調查，有八成以上的企業會優先錄取、優先面試有專業認證的求職者，證照開始取代大學及研究所文憑成為新主流；因為證照比文憑更能證明專業能力。所以，未來在轉換跑道或是求職，要開始重新思考：「萬貫家財，不如一技在身」這句話的意涵；學習與磨練可被企業利用的專業能力，才能在新一波的就業競爭中求得比較多的機會。

民間與政府單位都有提供職業訓練與輔導證照考試的管道，然而，你必須先釐清要考取證照的目的，再挑選真正適合需求的證照，才能真正為前途加分。否則，你將時間與金錢投資下去，卻仍從事與證照無關的行業，那等於是浪費時間與金錢。再者，也不要陷入證照的迷思，認為滿手證照必定前途光明。

其實，要在企業中勝出，除了成為這個領域的專家，還要有更寬廣的能力，才能成為真正的專業，為自己獲取更高的收入與報酬。

過去，大家普遍認為證照是藍領階級專屬的，學歷是白領階級專屬的。然而，有藍領的傑出技能，又有白領的商業頭腦，也就是所謂的「紫領」，將會是未來最搶手的人才。所以學歷並非無用，而在於你怎麼去利用。

在未來的生涯中，高學歷者要調整心態，放下身段，培養真正可以賴以謀生的技能，在未來的景氣循環中，才不致於對你的生涯造成太大的衝擊。

3.6 有沒有最好的選擇？

在就業輔導中心裡，多數人因為企業裁員潮而頓失工作與收入，有人曾經在就業市場裡載浮載沈；有人也曾經在職場裡風光一時；更有人平穩地在職場中安度數十寒暑。每個人行業不盡相同，承擔的經濟負擔也各有輕重，但是共同點是大家「都害怕職場生涯就此打住」——要找到適合的新工作、領到夠用的薪水，在這一波不景氣中，等待的時間不知道要多久。

在做生涯決策時，追求金錢收入當然是最基本的要求——大部分的人都希望有足夠的薪酬，以獲取比較優渥的生活。然而在資本主義社會，想獲取高薪是必須付出相當代價的，在工作上位居中階，甚至躍上主事的高階主管之後，肩上所負擔壓力也跟著加重。

拿業務主管來說，業務主管擔負著維繫公司命脈的業績，因為時差的關係，有時得在公司待到相當晚的時間，因為他必須要進行「電話會議」，以溝通來解決國外客戶的問題；工作占據了他生活的絕大部分，許多心思與決策，都必須對老闆負責，業績數字要亮麗，股東才會滿意；管理的問題，人際間溝通的摩擦也使他累積許多負面情緒，卻始終找不到宣洩的出口。久而久之，就算頭銜與收入都很亮麗，卻沒有人覺得真正快樂。

在筆者的老大還上幼稚園的時期，由於從事業務工作，自己常常要到外縣市拜訪客戶，回程時，常常塞在車陣當中，匆忙中趕到幼稚園的時候，總看見自己的心愛寶貝成為最後一個痴痴等待爸媽來接的小孩。從後照鏡看著他圓潤而帶點落寞的眼神，自己就覺得歉疚，有幾次甚至讓淚水滾出了眼眶。

筆者過去也是有「高學歷應當有高收入及高社會地位」的思維，汲汲營營想追求更高的收入、擁有更響亮的頭銜，以及更奢華的物質生活，但在有家庭與小孩之後，最深層的價值觀才隱隱浮現。

經過多年的職場浮沉後，名利之於我的定義也逐漸被修正，它在人生目標中已經不再是那樣大的比例，自己總希望在家庭與工作的天平上保持一個均衡的狀態。

生涯裡的變數很多，在上一節提到Jason的例子是簡化了的許多決策變數，目的是可以讓複雜的決策思緒能夠先加以簡化。基本上，上述的兩個決策工具是相當實用的，如果發生的事件、發生的機率，以及預測的數據不要差異太大的話。

如果你問我人生有沒有最好的選擇，我的答案是：「當然一定有。」即使因為當初的選擇讓現在的你處於一個低潮點，也千萬不要灰心。

當初的選擇會是最好的，現在就看你怎麼做。千百年來歷史上的成功人士與知名企業家，很多都是在逆境中磨練出驚人的意志力，克服各種艱難後，創造出後人羨慕不已的成就。

筆者相當崇拜的企業家戴勝益先生就是這樣的一個典型，經過「九死一生」（九次不同行業的失敗）的創業歷程，換來「負債兩億元、跑了五年三點半」的慘痛經驗，他回憶這段歷程：每天到三點半的那一刻，就像熱鍋螞蟻般難熬，只要過了三點半的「生死關卡」，就像雨過天晴的輕鬆，因為「明天的債，明天再籌吧！」

直到王品牛排的成功，奠定了他逆轉勝的基礎，隨後新創的各個品牌都成為相當賺錢的事業單位，集團年營收已經高達數十億，其毛利之高，更是羨煞電子業老闆們。

負債高達兩億，對一般創業家而言，大多會宣告破產，一走了之——不管股東的權益以及對員工的責任。然而，他以超強的意志力撐了過來，而且在餐飲業中反敗為勝，更重要的是，他能延續這樣的成功模式，讓事業版圖更加擴大。

過去負債的金額，在今天的他看來，只是上天讓他成長的一個挑戰，而他當初決定創業的這個抉擇，雖然曾經讓他走入生涯的最低潮期（或許當時有很多人曾告訴過他：早知如此，何必當初？），然而，克服難關之後，現在回想起來，相較於留在製帽工廠的家族企業中，這才是最好的選擇。

有積極正向的心智能量是很重要的，那是度過生涯低潮的重要支柱；**沒有風浪的人生，對你而言，不一定是最好的選擇。**

第 4 堂課

以積極光明的心態面對下一步

對自己負責的人，會努力地去掌握自己的命運，不把責任和問題推給別人；唯有面對現實，克服困難，才有機會品嚐甜美的果實。

在這經濟充滿動盪的年代，裁員、減薪、遇缺不補成為大家熟悉的職場名詞；也有很多人為了保住工作，不得不忍痛接受現有工作的不合理要求。

全球不景氣使企業開始精簡、凍結人事，就業市場進入難得一見的冰河時期，應屆畢業生畢業等於失業，遭到裁員或中年轉業者也必須面對更長的就業等待期。

世界從一片榮景轉變成「前途充滿不確定性」，也不過短短一年的時間，許多人要在短時間內面對這樣的巨變已不容易，而要在短時間內就轉型成功更不容易。在這過渡時期，大部分的人會被經濟壓力壓得喘不過氣來，面對求職的挫敗感更讓心情低落與沮喪。

很多人會開始抱怨上天，埋怨命運，悔恨過去，怨天尤人；更甚者，得了憂鬱症而必須不定時求助心理醫生；更極端者，對於生命不抱希望而必須求助於生命線的開導。

消極的抗拒現實，並不能解決問題；相反地，應該更積極地去面對。你應該有更積極的思維與作為，才能安然度過這一次生涯的低潮期。

如果你是個樂觀主義者，或許會有些沮喪，相信調整一下步伐，你很快就會找到新的人生方向。上帝關上了一扇門，祂就要你去開啟另一扇窗；如果你是悲觀主義者，在這樣的環境，你屬於高危險群，請努力去改變你的思考習慣，培養光明正面的心智能量，相信你一定會安然度過這個危機。

請認真去了解這一章要傳達給你的正向觀念，並善加利用你的時間。人生是一場長跑競賽，現在落後，請不要沮喪，你應該調整腳步，更積極的前進，最後你一定可以提前抵達目標。

4.1 改變你的思考習慣

如果把人體比喻為一部電腦，習慣就可以比喻為裝在這部電腦上的作業系統。即使這部電腦上裝有許多功能強大的應用程式，然而，由於作業系統常常當機，它仍是無法讓這些應用程式充分發揮。換句話說，即使是英才或能力過人的人，因為習慣不好，工作態度不佳，沒有堅持到底的精神，最後也無法成就大事業。

如果你仔細去分析那些成功人士之所以成功的原因，並非他們聰明絕頂，而是他們的想法、習慣、行動力比較正面且積極，反省能力也比較強，面對困難時也比他人較為堅持，不會輕易放棄。所以，如何去扭轉心態、改變你的習慣，進而接近成功人士的想法與習慣，你才會進入成功人士的境界。

人的行為由大腦驅動，我們透過心理學上的學習、制約等機制，對於很多事情「不需經過太多思考」就被大腦拿出來使用的反應，久而久之就變成我們所說的「習慣」。

絕大多數的人，一生只用到腦細胞的其中一小部分，其實我們的腦細胞還有很多「沒有用到」的；如果能好好利用，每個人的能力就可以大幅提升，也就是說你還有無限的潛能可以發揮。所以，如果你想要改變自己，你的大腦一定可以配合，關鍵就在於你是否願意改變自己的心態，好好的利用大腦。

如果你要好好利用大腦，好能力要經常出現，進而變成好習慣，那你就要設法、盡可能獲得較多的好行為和好想法，並且讓它們在大腦中提高運作機率，然後形成習慣。

如何讓這些好行為跟好想法變得比較容易被取出來使用？最簡單的方法就是調整你的注意力。

隨著注意力調度，大腦會有效的重新解構、組合我們的思想、概念跟訊息，使有關的訊息能有效地被提出來使用。就像人們在處理電腦中的資料庫時，為了要能順利快速的找到所需的資料，在建置資料庫時，會設計出有效率的結構，讓資料庫的結構可以按照電腦運作的特性做最佳化，使電腦可以順利快速的取出所需的資料。

當人們情緒高昂時，注意力會集中在滿足的氛圍上；當情緒低落時，或遇到難以解決的問題時，人們的注意力都會被問題產生的壓力所牽絆。不管是那一種，都會造成人們無法有效地改變自己的思考習慣；尤其是負面的情緒，它對人們的行為影響會比較長久。

負面情緒包括很多，其中消極與拖延是行動力的最大殺手，即使你能力再好，沒有好的習慣領域，積極行動，克服困難，仍是無法成就大事業。所以，要能讓自己保持在最佳的狀態，就得隨時改變自己的心態。而改變心態的第一步，就是要能排除自己負面的情緒，讓壓力能夠降下來。

人在面臨困境的時候，需要一些方法來幫助自己減輕負面情緒的影響，甚至讓這些負面情緒轉化成對人們有幫助的正面助力。在這個負面消息不斷的時期，要重建信心就必須要有光明的心態來轉化負面的情緒。

以下所介紹的思考的習慣都不難，重點是要能內化成你的思考習慣，當你的思考朝向正面積極的方向，你才能獲得渡過這低迷時期的信心與力量。

思考習慣一：積極正向光明的心態

現在大家對於前景都感到悲觀，即使有工作的人也不見得會樂觀以對。由於大家對於未來失去信心，消費相對變得比較保守，除了基本開銷外，人們不敢做太多奢侈的消費，即使有需求也盡量將需求遞延，造成全球性的消費緊縮，其所帶來的效應就環環相扣——一個人不消費或許不可怕，當數十億的人口減少消費，就會造成可怕的「低需求」效應。

別忘了景氣是會循環的，就如同四季的變換一樣，其實在這陰暗濕冷的景氣寒冬裡，還是隱隱透露著春天即將來臨的訊息，積極的人已經開始準備迎接春天的生意盎然。筆者仍清楚記得令人感動的一幕：在一個下著毛毛雨的清晨，駕車在高速公路上，一路上都是細雨綿綿，突然走到某一段路之後，雲量比較稀少的那一邊，透露出朝陽的光亮，而對面那一邊瞬間產生令人驚歎的彩虹！

就像多變的天氣，有著正向光明心態的人，已經開始為迎接希望的彩虹而作準備。上天賜予你寶貴的生命，就必定有讓你完成其價值的使命。每個人都是無價之寶，不管貧富貴賤，你的存在對於世界來說是有貢獻的，你生命的價值不是只有金錢才能計算。

我們常無法控制自己去評價別人，相對地，你也很難控制別人對你的評價。當別人對你的評價傳到自己的耳朵時，若是好的，當然心情愉快；若是不好的，心情當然會受影響。同樣的，你對別人的評價也會產生一樣的效果。

無論如何，這個評價只是一時的，現在自己可能不是很好，但不代表會永遠不好。人們的大腦既然有無限的潛能還沒發揮，現在的你只是「尚未充分發揮你的潛能」。

有了這樣的心態，我們就不會為了一時的失敗而看輕自己，放棄自己；也不會去看輕別人，瞧不起別人，自然就不會因為面對困難的問題而產生負面的情緒。

思考習慣二：事情必都「事出有因」，最重要的是「它有沒有幫助你成長？」

在你的思考習慣中，若上述這個信念很強烈時，那麼你看每件事情、每個人就會從積極的方向去想、去求成長，此時，你的心是敞開的。當我們不順利、失意或悲傷時，如果這個信念強而有力的占領你的注意力，你便不會只注意到失意的痛苦，而會問自己：「這件事到底在哪個方面可以幫助我成長？」藉由失意的痛苦將其轉化為積極的尋求成長，這樣的轉化，可讓失意的痛苦減少，成功的機會大增。

當你認為問題和困難是外面的環境造成時，就很容易會怨天尤人，埋怨為何老天這麼不公平，讓自己遇到這種事情。可是若能把這些問題和困難當做是自己造成的，那麼面對困難和問題的心態就會不同了；最大的不同就是會把它當作是一個教訓，好好記在心中，避免它再發生。

成功的人，總是把問題和困難當作是成長的養分，不斷的吸收這些養分，讓自己比別人能處理和面對更多的問題，所以才能比別人成功。

思考習慣三：清楚而富有挑戰性的目標是生命的泉源，信心和行動力是達到目標的不二法門

你的人生應該有希望，並轉化為具體的目標，目標會帶給我們去追求的動力。目標與現實有差距時，會產生壓力；為了減少壓力，我們會努力使目標跟現況接近。如果對達到目標懷抱信心，就會積極將壓力轉化成動力，全力地去了解與行動後，就會產生效果。

什麼樣的目標最有力量呢？在前面的章節提過，清楚、具體、可以衡量、可達到、富挑戰性的目標，對你才有幫助。

如同把困難和問題當作是成長的養分一樣，人們的生命當然不會那麼平靜，總是會有欲望與需求，才能使大家有努力的動力。即使是講求清心寡慾的佛陀也是有欲望的，他的欲望就是普渡眾生，也就是說，出家人每天很努力地為這個目標而活，若沒

有欲望，他們活著也不過是一具行屍走肉。

一般人也要有個生活目標，而讓生活快樂的重點就在於「訂出什麼樣的生活目標」才好。有一定的壓力才會使人們正面、積極的去面對問題，所以在決定目標時，就不能把目標訂得太小，這樣就會變成沒有努力的動機。當然，目標也不能遠超過能力的負擔，否則就會失去達成的信心，反而增加更多壓力了。有了合適的目標後，占據大腦注意力的正向信念，自然就會驅使我們去努力執行和追求，從而創造成功的人生。

思考習慣四：我是自己生命的主人，得對一切發生的事情負責

因為有選擇，所以我們是自己生活、行動，以及跟外面世界接觸的主人。我們既然是主人，對所發生的事便要負責。

負責的人，會主動去了解事物，並設法解決問題，他的心胸是開闊的、主動的，正向的心智能量也會因此而更多、更豐富。不負責的人所以不能成大業，是因為他的

思考習慣很難再朝向正面、積極的方向擴大，因此邁向成功的機會也會變得渺茫。

在心理學中有一種學說，將「人們對於問題原因的歸咎」分成兩類，一類叫做「外在歸因」，一類叫做「內在歸因」。何謂外在歸因，就是「把問題發生的原因和責任，都推給別人和環境」，這一類的人，比較會怨天尤人，比較會求神問卜，認為自己不能掌握自己的生命；相反的，內在歸因就是「什麼問題和責任都是自己造成的」，所以相信只要自己努力就一定可以克服困難。

古語說：「盡人事，聽天命。」這並不是告訴我們命運全由上天決定。重點在盡人事，你必須努力、負責地去做相關的努力，至於結果，有時候不是我們可以掌握的。就像這次受到金融海嘯波及的事業，就是很多人無法預知的狀況。在這時機創業的人就備感辛苦——即使努力專注在事業上打拚，也可能無法有太滿意的結果。但路還很長，如果撐得過去，在重新洗牌之後，總會是市場上的贏家。

對自己負責的人，會努力地去掌握自己的命運，不把責任跟問題推給別人。唯有面對現實，努力去克服困難，才有機會接近目標，品嚐甜美的果實。

思考習慣五：工作是自己人生的使命，也是心靈的樂園，我有熱情、信心去完成

很多人只把工作視為謀生的工具，每天就像行屍走肉般，用時間去換取酬勞。久而久之，職業倦怠就會跟著來。相對地，有些人很早便發現生命的意義及生存的使命，可容易找到一份合適的工作幫助自己完成使命。

享受每一件事，做每一件事都樂在其中，就是生命的意義之一。工作是生命中的一大部分，當我們把工作當作是人生的使命，並樂意地接受它，就能充滿熱情和信心去完成任何交付的工作，自己的正向信念自然就會因此而豐富起來，成就感和信心也會因此得到增強，因而更會樂在其中。

當人們看到自己能將每件事做得盡善盡美時，他們便會讓你承接更有意義的、更富挑戰性的工作，也因為你的熱情而讓他們更加信任，如此我們的人生會日益精進與豐盛。

以另一個角度來看，在人的一生中，會面對許多的問題和困難，最基本的問題和困難就是活下去。但要活下去，就需要一份能夠養活自己和家人的工作，若一份工作不行的話，甚至還要兼差。

很多人在工作的時候，總是心存不滿，不斷埋怨老天，為何不讓自己生長在富貴之家，要接受這樣的勞苦？為什麼讓自己遇到這麼差的老闆？可是當退休之後，或者不用工作就能生活得無慮的時候到來，卻頓失重心。每天根本不知道要做些什麼，終日無所事事，如同行屍走肉般，很快的大腦就退化。最後，幾經折磨才發現，求生存是上天給予人類最寶貴的人生目標，而好好工作就是現在人們的求生之道。不論是為了生存而工作，或是為了公益或興趣，當人們把這一份工作當成是達到人生目標的一部分，對工作才會重燃熱情。

思考習慣六：時間最寶貴，我要百分之百地享用

時間就像沙漏般不斷地流失，不管貧富貴賤、不管你擁有多少財富，一生的成就

有多高，當大限來到時，沒有人能再向上帝多借時間，終究要回歸到大地。

然而，我們卻常常會把寶貴的光陰浪費在回想以前不愉快的事情上，讓不愉快或後悔的事占據我們的正常思緒，導致終日痛苦煩惱，不知如何解脫；我們也常會過分憂慮未來，擔心那些可能會發生的事，而去想許多對策，甚至沉浸在焦慮與恐懼中。

這些事無疑的浪費了我們許多寶貴的生命時光，因為憂慮只有當我們面對它、處理它時才會消失，它不可能因為我們的痛苦或害怕而消失。與其把時間花在痛苦跟憂慮上，還不如直接面對問題，處理問題，這樣還能享受處理問題的過程，也才能克服憂慮跟恐懼，充分享受生命。

思考習慣七：處處心存欣賞與感激，也不忘回饋奉獻和佈施

這個世界充滿著美好的事物，只有懷抱欣賞感激的心，我們才會感受這些美好的萬物。

天空的藍，高山的綠，大自然與生活周遭的所有事物都是上天給予我們的恩賜。

當我們抱著欣賞感激的心來看待事情時，別人的批評跟稱讚對我們也都能變成幫助；稱讚使我們獲得滿足跟自信，批評讓我們知道自己的缺失，讓自己有更加進步的空間。

回想你的生活經歷，大部分的人不曾經歷戰爭、海嘯、飢荒、革命等，沒有經歷生命飽受威脅的痛苦歲月；生來有手有腳四肢健全，還有家可以住，有衣服可以穿，更能接受教育，人們很容易習慣於幸福而不自知。

但這些幸福不是天上掉下來的，是許多人共同的努力與上天的庇佑才得到的，所以時時感謝這些人，時時感謝上天，並且同樣努力去創造幸福並分享給別人，讓相互回報的行為成為良性的循環，如此一來，就會得到更多的幸福，也能得到更好的生活。

以上，調整你的思考習慣後，你將漸漸有信心去面對生活中的困境，它們將幫助你把壓力調整成適合的狀況。下一節有一些方法更可以讓你增強正向心智能量。

4.2 增強正向心智能量的方法

方法一：虛心與積極的學習

所謂「滿杯難倒酒」，一個自認為很厲害的人，會看不起其他人，認為自己什麼都會，自然就很難從他人身上學到東西；要具備誠懇、謙虛的心態，才可能向別人學習。

「模仿」是最好的學習，當自己認為某個人的行為很值得學習時，就盡量徹底的了解這個人的為人處事，以及他遇到問題時，是如何面對、如何解決的。一旦了解得徹底之後，大腦就自然會建立起跟這個人相關的思維邏輯，這些人的思維邏輯也將會成為自己思維邏輯的一部分。

未來，在遇到問題時，就可以回想這些模範人物解決問題的方式，使我們自己變得像他們一樣，去思考跟解決問題。

當這樣的想法重覆在大腦發生後，你自然就會強化積極求解的心態，自動就會把虛心與積極學習的這個正向心智能量，擴張到更廣泛的學習上。

方法二：多面向及深入的觀察

面對問題或現象時，不要只停在原來的位置來觀察自己所看到的問題表象或現象，要從更深一層的角度來觀察；或者，換個更高的視角綜觀全局，才能掌握問題的來龍去脈。如此，我們才能更清楚掌握、了解問題或現象發生的真正原因，也才能找到真正解決問題的方法或答案。

換句話說，看事情要從全面的角度來看，或者從更深入的層面了解「問題背後的問題」。

舉一個故事來說明。有一個先生一直百思不解，為什麼他妻子在煮火腿時總是要把火腿的前面和後面各切下一大節後丟掉。有一天，他忍不住好奇心便問他妻子：

「為什麼要這麼浪費？」妻子解釋說：「我媽媽每次都這樣做。」他決定要再探究他丈母娘為何要如此做的原因，趁著回娘家的機會，他買了一樣長度的火腿到丈母娘家，丈母娘拿出她的鍋子時，答案就水落石出——因為她的鍋子太小。

我們遇到問題不能只看表面，問題的背後可能隱藏了一些會導致這問題發生的邏輯。

方法三：事物的聯想與創意發想

任何事情都可以互相聯想，找出彼此的共同關係或不同之處。藉由事物間異同之處的歸納、比較，能使我們對它們有更進一步的了解，甚至有不同的啟發。這些深層的體認、了解及啟發，很有可能是解決問題或事情的答案。再者，透過對事物的聯想，也是啟發創造力的一種方法，讓你有新發明與新作法。

在不景氣的環境中，所有可以讓消費者省荷包的行業大興其道，例如二手名牌店、二手物品市集、跳蚤市場、網路拍賣、機器設備租賃等。由於失業、放無薪假的人增多了，因此人力派遣、兼差市場或小額創業反而變得興盛，有些人甚至開創出新的事業。

與其每天意志消沉地等待景氣回春，倒不如發揮想像力，把時間花在思考如何在這樣的環境中，創出機會。

方法四：改變參數

做每一件事物都有它的參數，舉例而言，要讓蛋糕做得好，爐溫與室溫要控制得好。爐溫與室溫就是重要的參數，如果你將這些參數做大幅調整，出來的結果就不太一樣。

用這個方法來思考人生。就學習而言，「看法」通常是影響人們學習時的一個重要參數，當人們把這件事「看得很困難」，做起來自然就覺得痛苦萬分；若把它看成「富有挑戰性」，自然會有自我挑戰的動力，遇到困難也不會找藉口逃避。

練習讓自己以不同的角度、不同的標準和不同的位置來看一件事，就增加自己接受不同人事物的能力。當自己能接受時，自然也就變得比較容易。

方法五：改變環境

改變環境對增強心智能力非常有效。人處於一個新環境時，新環境或多或少會提供一些新的訊息。由於有了新的外來訊息進入，我們的思考慣性就會隨之轉化，潛能也可以得到擴展，讓我們能更有信心去面對下一個新挑戰。

改變環境的方法有很多種，例如換工作、搬家、旅遊等。有些人喜歡藉由出國旅遊來變換心情與開拓視野。回國後，由於吸收了旅遊中的美好經驗，如同脫去舊殼的蟬，重獲新生，發現自己變成全新的一個人，更加有精神地去面對新的工作挑戰。

方法六：腦力激盪

即使再博學多聞，生活與人生經歷仍會有極限，思考也會有盲點。針對一些問題，與認識的朋友、師長或家人等來討論，透過腦力激盪的過程，可以刺激我們將腦中潛在的事物呼喚出來。

腦力激盪的過程可以分成兩個步驟：第一個叫「分離過程」：一群相關的人為一個共同的問題，集合在一起，無拘無束的自由發表、記錄不同的看法，寫下來後隨機組合。

第二個叫「收斂過程」：集中心力來類推、聯想，找出共同的看法，得到最後的共識，這就是腦力激盪的結果。

在進行腦力激盪時，最重要的就是彼此的尊重和信任。帶動腦力激盪的人，更要格外注意，要讓參加的人覺得自己受信任、受尊重，無論他提的意見有沒有用。

腦力激盪其實就是要人們把內心的想法，不管其可行性，都表達出來。也許自己認為不能、難以執行的問題，但由別人去做，說不定就有方法可以解決，進而就會使原本的「不可能變成可能」。

透過團體的智慧，你或許可以找到解決問題的更好方法；或許可以找到新的人生方向；在各種訊息的交流過程中，你或許也可以得到一些慰藉，平息現在的焦慮。

方法七：以退為進

處理一個問題時，有時會百思不得其解；或者，在回想一件事情時，卻怎樣都想不起；可是，很意外的，在脫離那個情境一段時間後，就想出了解決的辦法。

通常，當人們在想問題時，所有思緒都已經被高漲的壓力所限制住，一旦脫離情境，不再想它之後，壓力也解除了，思緒就可以轉化，答案就自然浮現。

面對問題不要鑽牛角尖——退一步海闊天空，就是這個道理。

方法八：靜心祈禱

當你靜坐、禱告、冥想時，因為放下了壓力，所以潛意識中的各種思路，便可很輕易的獲得注意，此時，我們常會有靈光一閃或恍然大悟的頓悟與體會。

由於正常的思緒被壓力束縛，藉由降低壓力的方式來靜心祈禱，就是在轉移我們的注意力。一旦注意力轉移，壓力自然變小，思緒也就可以容易轉換。

以上，洋洋灑灑提了許多改變思考習慣與培養正向心智能量的方法，最後我們用哈福艾克（T.Harv Eker）先生在《有錢人想的和你不一樣》（Secrets of the Millionaire Mind）書中所提到的一些觀念來做總結。

他強調，致富其實是一種心理遊戲。如果你想改變果實，你首先必須改變它的根；如果你想改變看得見的東西，你必須先改變你所看不見的東西。看不見的東西，其威力遠勝過我們看得到的任何東西。與本節所敘述的相互驗證，你的思考習慣就是這些看不見的東西，你要嘗試去改變它，「行動力」就是一個重要關鍵。

他建議，你可以回想小時候聽過的，所有對於描述金錢、財富和有錢人的話，並寫下這些你認為「會影響你財務生活」的說法。他要你明白，這些關於財富的說法，代表的只是「你所學來的東西」，而不是「你自己的東西」，也不是現在的你。你現在能做的選擇就是「改變」；對於金錢，你要選擇新的思考方式，並努力去行動，讓它幫助你得到快樂和成功。

同樣的，你過去所學到任何關於生涯規劃、人生的觀念、宿命論，或者算命師的話、占卜結果等，這些似是而非的觀念，不管它如何影響著你，那都不代表真正的你。你可以選擇、可以改變；你要選擇新的思維，努力去行動，追求屬於你自己的圓滿人生。

4.3 調整心態迎接彈性職業生涯時代的來臨

一九六〇至一九八〇年代，大學畢業生只要努力準備考試，一旦考上中油、台電、中鋼等公營事業或政府的公職，就等於拿到了一個金飯碗，有一份穩定、高薪、福利優渥的工作，還可以高枕無憂——每年只要在企業內等待晉升，或參加升等考試主動爭取更高職位。

一九九〇年代以後，公營事業與政府的公職已不再是大學畢業生夢想的工作，因為公營企業開始民營化，公家單位不再是金飯碗，薪資與福利也開始褪色，比不上很多民營企業，特別是當時高成長的高科技產業。

世事多變，進入二十一世紀後，高科技產業的金飯碗開始褪色了，同樣的，它們再也不是穩定與優質的工作。此時，大學畢業生開始要面對的是一個高度競爭與彈性化的勞動市場，雇主一改過去的穩定雇用策略，改而聘請臨時工、定期契約工、部分工時工與派遣工等，「非典型雇用型態」的員工。此類員工，雇主可以隨時遣散，不必擔心法令的規範與支付資遣費的問題。

除了彈性大之外，使用此類「非典型雇用型態」的雇主又可以節省員工福利金、醫療保險、勞保、健保等費用，大大減輕人事成本。大學畢業生在沒有工作經驗與年資的保障之下，雇主特別喜歡把這些職場新鮮人放在不穩定、低福利的工作，一方面是節省成本，一方面是「試用」。

值得關心的是，近年來台灣大學生畢業後，就業不易的另一個原因是：台灣大專院校數目的快速增加。二〇〇四至二〇〇五年間，大專院校學生已突破一百二十二萬八千人，快速增加的大學畢業生，造成市場供過於求。畢業即失業的就業情況愈來愈惡化，畢業生要花比從前的大學畢業生更多的時間去找第一份工作，而第一份工作的薪資報酬也比上一代的大學畢業生低，而且就業環境差、升等機會少、失業機會大，再就業機會也更少。

一九七〇至一九九〇年代，一個大學畢業生在畢業後大概要更換過兩到三次工作，才會穩定下來，取得一個終身雇用的工作。但是二十一世紀的大學生將面對高比例「非典型雇用」的工作，他們大概要經過很長一段時間的摸索，轉換很多個工作，才能找到長久安身、適合自己的工作。

其實大學畢業生就業市場的惡化，並不是只有我們台灣才面臨到這樣的問題。自一九九〇年以後，各國的大學數量都在快速地成長，全球各地的勞動市場也都在快速彈性化，所以全球的大學生都在面對一個「競爭愈來愈激烈，工作愈來愈不穩定」的勞動市場。

由於各國教育制度的不同，大學生所面臨的勞動市場也不一樣。在德國、法國等職業教育很強、職業證照很發達的國家，它們的大學畢業生花掉的摸索時間較短，較快轉入職場；但是有一個缺點，即當畢業生進入某一職業與行業以後，他們的職業生涯便定型了。假使他們進入了一個不是很喜歡的地方工作，轉換工作的機會也很少。

相反地，在英、美與台灣等教育制度與職場沒有充分整合的國家，也就是所謂開放性的勞動市場的國家，大學畢業生需要花較長的一段時間去找工作。但是在開放性的勞動市場中，人們如果不喜歡這項工作，或發現該工作學非所用，可以很快地轉換跑道——藉由不斷地轉換工作，達到學以致用，人才充分運用的境界。

如今，在就業市場日益惡化的情況下，在台灣這類學校與職場沒有充分整合，也未建立起職業證照制度的開放式勞動市場下，大學畢業生應盡快就業，找工作時不要對工作內容、地點、薪資水準做太多的挑剔，然後盡量從工作中學習各種技能，建立人際網路，培養整合不同領域的知識與技術的能力，才能從不斷地轉換工作的管道中，找到他們理想的職業。

除了大學生之外，出了社會工作一段時間的職場老鳥面對的問題，除了彈性雇用條件的衝擊外，還有中年失業的問題，加上經濟的重擔，其壓力絕對不輸給社會新鮮人。

如果有積蓄的人，可以趁著這一波失業期調整自己的方向與腳步，提升自己的能力，等待景氣回春後往上彈跳，甚至更積極地去尋找創業的契機；然而，經濟條件較差的人也不要氣餒，不要拒絕任何可能的工作機會。即使是彈性的雇用條件，以先渡過這段非常時期為前提，有一份收入來支撐生活支出，景氣一定會回來，要有耐心與毅力。

4.4 加強你的時間管理

時間管理是我們常聽到一個名詞；時間本身是不能被管理的，人卻可以管理自己去善加運用時間。管理時間要從自己的內心出發，去做些值得且重要的事，以實現人生的目標，讓生命更豐富、更有意義，並能創造高品質的生活。

時間是上天賦予每個人的寶貴資源，有不可循環性與不可替代性，你應將它視為比有形物質還更貴重的資源，所以更應該好好的運用它、重視它。由於時間的寶貴與有限，它更能讓我們體會到做時間管理的重要性。

網路科技串連了全世界，也讓全世界的連繫變得更為頻繁與快速。為了加速組織的速度反應，公司組織扁平化，人員也精簡化，每個人的工作量逐漸地加重，更突顯了時間管理的重要性。舉例而言，從事國際業務的人，因為網際網路科技，溝通變得更迅速且即時，但也因為時差關係，讓工時往後拉長，人們往往為了處理比較重大且緊急的業務，進而加班到深夜。許多服務業，例如快遞業，更是以時間來競爭，物件送達時間的快與慢就是價格差異化的主要因素。某些速食業與餐飲業，也打出「超過一定時間送餐就免費」的承諾。

對這些企業而言，時間就是金錢，速度趕不上就會被大環境淘汰。因此，在有限的時間內去追求更高的效率，是不可避免的趨勢。相對地，你對自己的時間，是否也用這樣的觀點來思考？

以下，將提一些時間管理的觀念與技巧給大家參考，但最重要的，還是要實踐。

1. 將時間視為你的資產

人一生之中，最缺乏的就是時間，它也是上天所給予的最大寶藏，不論人們擁有多少錢財，一旦時間到，就要全部還給上天；不論人們有多少願望，時間一到，便沒有實現的機會。所以把握當下，珍惜使用這份珍貴的寶藏，才能不枉此生。

時間管理要成功，第一步就是要將時間視為你的資產。上班族將大部分時間奉獻給了公司，以賺取養家活口的薪水；下班後，以及放假的時間，就是你可以好好利用資產的時刻。想讓自己脫離日復一日的生活，找出時間來充實自己是相當重要的。

隨著整體國民生產毛額（GDP）的增加，新的價值觀在現代社會中逐漸取代舊觀念，加上網際網路的便利性，人們自由運用的時間有增加的趨勢，所以如何妥善規劃並管理好自由時間，變得相當重要。要讓工作與生活更有意義，對身心更有助益，並提升生涯資產，時間是不能忽視的重要議題。

時間管理是生涯規畫的基礎功夫，有了人生的大方向，還得日積月累地去做好每天應該做的事情才能日進有功。每天的二十四小時，確保上班時間達到最高生產力的運用，是讓你不被裁員的基本認知。然而，如何運用自由時間來自我精進，才是決定你是否可以出類拔萃的關鍵，這也是很多成功人士沒有說清楚的秘密。

2. 遠離誘惑，減少浪費

下班後回到家，打開電視變成許多上班族的習慣，於是你的注意力就被鎖定在這些精采的節目中。如果是你是學生，父母會管制你看電視的時間；然而，時代賜給了我們一個更精采的媒體——網路，裡頭的資訊更多元、更具娛樂性及互動性，當中的線上遊戲更是讓許多學生沉迷在其中而無法自拔。

在此要提醒大家的是，要認清媒體的「本質」。不管是電視、廣播、網路、報紙、雜誌等媒體，那些絞盡腦汁要吸引你的目光的節目，就某一層面來說，就是要引導你去消費。收視率、收聽率、閱讀率高的媒體才能吸引廣告商掏出錢來購買廣告，廣告商藉由媒體行銷將商品置入你的腦裡。建議喜歡看電視的人，請研究一下節目表，要花對時間在對你有幫助的節目上。

其實，我們從媒體上接觸到的資訊，多數都較為片面、不夠深度；相反的，多閱讀才能獲取更深入的知識，所以閱讀也是與心靈對話的一種過程。如果你發現自己每天花在媒體上的時間，連續超過兩個小時以上，那就真的要好好思考如何遠離這些誘惑。

此外，很多時間是在我們日常生活中，不知不覺被浪費掉的，這些無形中浪費掉的時間就有待你去發掘與探索。舉一個例子給大家參考，希望你可以加以類推。

每個人的上下班路線，會有很多條路徑可以走，但總有一條路線，等紅綠燈的次數加起來最少。幾次嘗試走下來，有發現嗎？這條路即使不是上班最短的路徑，但花的時間卻比走捷徑還快。對筆者而言，等待是一個很難忍受的浪費，有時多走一段路的這個選擇反而可減少時間的浪費。

3.設定明確的目標

當你開始節省時間了，但是如果沒有目標，一樣是會將時間浪費在沒有效益的事情上。沒有目標，就像是開車沒有目的地一樣，不管你開多快，可能還是在原地打轉，無法到達真正想去的地方。

在前面的章節裡，你已經對人生的大方向有更具體的了解，也對自己重視的價值觀、想過怎樣的生活、想完成哪些人生大事，有了更清楚的認識。然而，你必須為自己設定更明確的目標。目標是指未來某個時間點想要達到的一個特定、可以衡量的結果；目標越明確、越可衡量，你越知道如何去找資源、找機會、找時間來完成它。

如果你想要兼做副業，那你就要開始進行資料蒐集，學習相關技能，找到志同道合的人一起幫忙，或利用下班及放假的時間去找客戶，以獲取額外的收入。累積一段時間後，覺得大有可為，甚至就可以轉成專職。

時間管理的專家對於目標設定，建議可以分為短期目標、中期目標與長期目標三種。這些目標最好能兼顧你的工作、學習、健康、家庭、公益、娛樂休閒等面向，因為生活中不可能只有工作沒有休閒，或不顧家庭；整體時間的分配必須全面考量。你可以將某方面比例增加，但不要忽略了其他方面，必要時可以徵詢你的良師益友，請他們給你意見，或與另一半一起討論你的目標，看彼此如何互相配合。

在前面的章節中已經提過設定目標的原則，進行生涯的目標規劃時，除了遵循那些原則之外，最好將目標記在你的記事簿上，經常去思考與檢討，定期去檢驗是否按照計畫在進行。

4. 今日事，今日畢

「今日事，今日畢」這看似簡單的六個字，要做起來真的不簡單。把它拆解來看，什麼是「今日事」？它表示你有明確的目標與任務，知道哪些事情一定要在今天完成；你知道輕重緩急，優先順序。

「了解輕重緩急，排定優先順序」，這是時間管理的其中一個重要技巧。然而，如何判定牽涉到的因素很多，有些必須靠經驗去判斷。但有一點要提醒的是，我們每天常常為了一些急事而昏頭轉向，還消耗相當多的時間，卻往往忽略掉那些「不急但卻是很重要」的事，等到時間一到，那件事卻變成更急、更棘手的事。

也就是說，即使不緊急但是很重要的事，也要按部就班，每天花點時間去處理，不要等到火燒屁股的時候，才想到要去搶救（就很花費功夫）。

再者「今日畢」這三個字的學問也很大。一天上班八小時，扣掉講電話、用餐、吃零食、網路聊天和上廁所等時間損耗，你還剩下多少時間？要在那麼少的時間完成計畫中的「今日事」，你的效率夠高嗎？如何減少無謂的時間損耗？做不完怎麼辦？要留下來加班嗎？那情人怎麼辦？有家庭的怎麼兼顧？

筆者很佩服大前研一先生對於「今日事，今日畢」這個原則的實踐。他在任職全球知名的麥肯錫企業顧問公司的期間，從沒有將任何預定的進度有留到第二天再做的經驗。他每次都堅守預定的工作計劃，沒有完成絕不回家。由於他從年輕時期就養成這種工作態度，所以才能夠在麥肯錫公司內獲得全球最高的顧問費。當然，他身為企業顧問，如果不能在既定的時限內完成預定計劃，委託人必定會質疑他是否真的能幫助企業解決問題，所以他會這麼自我要求是他的職業基本要求。

然而，換個角度來想想，公司的任何一個職員，如果每個人都漫無目標，得過且過，這家公司的競爭力會變強嗎？或者，面對自己的人生，總是避重就輕，一天拖過一天，你的未來會變得更好嗎？答案是很清楚的。所以，建議你將這六個字，貼在顯眼的地方，努力去實踐。當然，剛開始或許會很痛苦，但是當你真正做到且養成習慣，你會發現自己變得很不一樣了。

5. 擅用筆記本

電腦的普及率相當高，Microsoft的Outlook應用軟體已經是很多上班族的常用工具，裡頭除了有收發、管理信件的功能之外，還可以用來編排工作、行事曆、記錄聯絡人資訊等，所有商用記事本的功能它都具備，更可以設定時間自動提醒；甚至，連手機都開始具備這樣的功能。或許你會問，那還需要筆記本嗎？除非你保證這些電子工具永遠都有充足的電力，而你也勤著執行，否則建議你還是隨身攜帶一本筆記本。

商用筆記本裡，有針對年、月、日分類的表格，並將年曆、月曆、日曆清楚劃分出來，它是用來規劃時程及記錄重要事項時的重要工具。

筆記本除了做每日記事與會議紀錄之外，建議你將筆記本區分出一部分來做自我生涯規劃的記錄。在此生涯規劃的記錄裡，必須明確記載：

1. 年度計畫

在每年歲末年終大家都會回顧一年來的成果，同時也許下新年的願望。將你的願望轉成新年度的目標，是很有幫助的。年度目標很重要，因為每月、每週、每日的計畫將依據這個目標來展開；此外，要讓你的目標明確化，盡可能將它量化，用數字來表達。

2.月計畫

根據年度目標，來做每個月的分配。要注意每個月當中的連續假期，並為未執行的進度保留一些餘裕的時間，因為臨時很難避免會有意外狀況穿插進來，打亂原有的規劃。這樣做也可以避免進度過分緊繃，對自己造成過大的壓力及挫折。

3.週計畫

週日晚上很多人都將時間花在娛樂節目上。其實，週日晚上應該是做收心操的時間，應把下週所要做的重點事項逐一列出，並排定優先順序。

4.每日計畫

如果你要能更安心地一夜好眠，建議你養成習慣，每天晚上應把次日的工作、會議、行程記錄安排清楚，而且標示時間長短，以避免耗費太多時間在次要事物上。

最好每週都做一次檢討，尤其要注意進度完成的百分比。表現不錯之時，該給自己獎賞；如果進度落後就要找出原因，加以改善。然而最重要的是要持之以恆，不能半途而廢，或一週捕魚，三週晒網。

6. 整理你的工作環境

有些老闆會強力要求下屬整理桌面，務必要求乾淨整潔，多餘雜物絕不能放在桌面。有時你可能會有所抱怨：「工作都做不完了還整理環境！」

基本上，筆者還是認同這樣的要求。第一，如果你的工作區域是在外賓參觀重點範圍內，那無可厚非，給來賓的第一印象很重要。再者，整潔的工作環境，可以降低你的工作壓力，並協助你減少許多搜尋物品的時間。別小看這些因搜尋物品所花費的時間，它累積起來是相當驚人的。

整理你的工作環境，重點應該放在「如何讓你可以快速地找到你要的東西」，而不是每天讓它看起來就像是你第一天進辦公室的樣子。企管顧問流行一句話：「要知道一家公司管理得好不好，去看總經理的辦公室就知道。」

整理你的工作環境，就筆者的經驗提供兩個要點給大家參考：

第一個要點就是「丟」。

不必要的東西，請趕快丟棄或讓它進資源回收筒。記住，增加櫃子不是讓你的區域恢復整潔的好方法，增加櫃子是給你機會去填塞更重要、需分門別類的物品，以免造成更多的混亂。記住，減少你的東西才是第一要務。

有些人喜歡在桌上，擺放家人照片或一堆飾品，這些東西，或許會讓你的工作環境看起來比較溫馨或充滿個人化風格。但不要不相信，東西是會繁殖的，很快地你的工作環境就會被這些無用的東西占滿，它還會證明你是有強烈囤積欲望的人。

第二個要點就是「物歸原處」。

將你的儲存空間，做一個全新規劃吧！你常會用到的東西，盡量集中在活動周邊；不常用的東西，再思考一下，它一定要留著嗎？可否將讓它擺到公用區域去。再來，在你的儲物空間外貼上標籤，你才知道裡頭擺了哪些東西。同時，物品用完之後，切記要讓它回到原先的位置上！否則，短期間內，稍微不留神，它可能就消失、淹沒在其他沒有回到原位且一團亂的地方。

7.有效地管理你的檔案

關於管理檔案，大家第一個想到的一定是「分類」，但是將檔案分類會有幾種問題：

1.檔案可歸屬於多類：例如說，如果你的檔案分類是根據部門來分類，那麼公司產品給客戶的規格承認書，是要放在研發部門的檔案夾？或是業務部門的檔案夾？或是產品企劃部門的檔案夾中？這些看起來似乎都合理，然而當你要尋找像這種類別模糊的檔案時，就會很痛苦，沒辦法確切地記住它是屬於哪一類。

2.檔案無法歸於任何一類：當檔案無法歸屬於某一類時，你可能的第一個想法就是找一個新卷夾，建立一個新的分類，然後將這份文件存檔。接著你開始發現，檔案夾越來越多，但是裡面文件卻沒有增加，而檔案櫃卻開始不敷使用。

3.檔案放錯類別：當分類一多，將檔案放到錯的類別就是會衍伸的問題，你要找到某個檔案就更困難。

所以，如果是確切的類別，例如公司ＩＳＯ規定的文件，是可以清楚歸類的、是要累積的，像採購單、報價單，那麼分類出來儲存是必要的。

但是對於一些零散的資訊與檔案，要如何處理，提供幾個要點給大家參考：

第一個要點還是「丟」。

如果檔案對你而言，三個月內不會再用到，你可以考慮丟棄，除非這份文件對你有自身權益保障的考量。同樣的，也去檢視你的E-MAIL信箱與檔案夾，是否儲存了太多已經過時的資訊，或者有可有可無的檔案？建議你刪除它吧！

第二個要點，進行「編號與關鍵字搜尋」的管理。

不要刻意去分類，你只要騰出一個抽屜的空間，在文件右上角貼上編號，依序垂直放入檔案櫃內，用Word或Excel將歸檔文件用表格列出「文件清單」，只需兩欄資訊：編號與標題（或關鍵字），當你要尋找這些零散檔案時，只要看這份文件清單即可，相當快速。不過，這個方法的成功關鍵，在於持之以恆，不要半途而廢。

第三個要點，就是將檔案加以「電子化」。

現在多功能事務機的價格已經降價到一般大眾都可以接受的程度，將這些零散檔案掃描起來，你可以加以編號製作文件清單，或直接在檔案名稱加註關鍵字。不用刻意去製作一份文件清單，此方法不但減少實體的儲存空間，搜尋起來也很容易。

4.5 如何增加你的附加價值

在土木領域工作的那段日子，很幸運能參與一個眷村改建國宅的大型建案，雖然美其名是擔任營建管理工程師，但主管們對於專案的管理方式，似乎與我們大學與研究所所學的方法相去甚遠。

當時，所有資訊感覺上是相當零散的，零散到連工務所所長與經理都無法掌控全局。這種完全以經驗為導向的工程管理方式，平常感覺上好像是沒有問題，但是在合約的施工期限將屆時，才發現大勢不妙——必須加發獎金給承包商趕工才能追趕進度，原本可以提前完工的工程卻在沒有系統的管理下要額外花費鉅額成本去追趕進度。

針對這些管理的問題，筆者在會議中不是沒有提過，但是當時的組織文化，在乎的是經驗與輩分，對我們這些初出茅廬的新鮮人所提的建議並不採納。就當時的我而言，實在是很大的挫折。

當時自己就一直在思考「這些上層管理者到底替公司創造多少價值？」的問題。從許多角度來分析，我覺得這些主管，在工作上，都是不具附加價值的人，總有一天會出現問題。

在這個工程收尾後，我就離開了土木業。不過我仍跟幾個基層戰友有連絡，知道他們後來轉到另一個國宅改建案，那個改建案與先前我待的工地幾乎是同一時間開工的，但問題卻更多，除了進度嚴重落後之外，包商與品質的問題更是層出不窮。新工地的規模與先前工地的規模相近，但竟要容納兩倍的人力，公司高層為了節省人事成本進而開始裁員，但弔詭的是，積極的人沒有留下，留下的卻是當時我認為沒有附加價值的人，過沒幾年，這家營造廠果真就消失了。

如果以企業的角度來看附加價值，附加價值其實是企業創造獲利的一種潛力。技術成熟、進入門檻低、缺乏創新與差異化空間低，都很容易變成所謂的「微利」產業，也就是所謂的低附加價值產業。

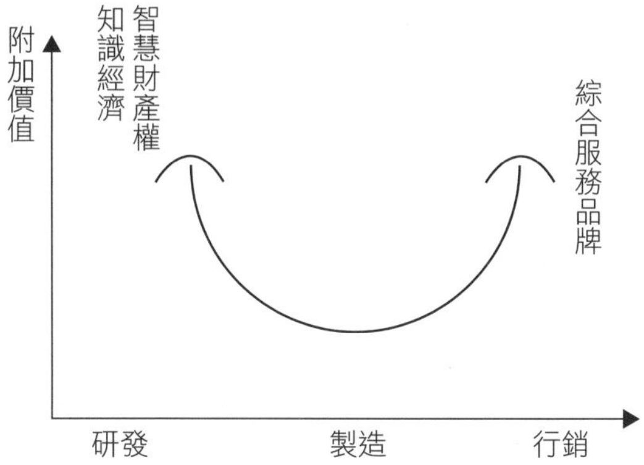

圖 4.1　產業微笑曲線

一般的製造、組裝的企業就是所謂的低附加價值產業。為了維持生存，只能不斷地擴充產能或降低成本來維持獲利，甚至以殺價競爭方式來維持市場占有率。但是只要市場萎縮、產品價格下降、產品銷售不再成長，企業馬上面臨經營危機。

國內重要科技業先鋒宏碁集團創辦人——施振榮先生，在一九九二年為了「再造宏碁」提出了有名的「微笑曲線」理論，如上圖 4.1 所示。他強調企業體只有不斷往附加價值高的區塊移動與定位，才能持續發展與永續經營。

他認為品牌、行銷、研發與智慧財產權，位居於微笑曲線的兩端，是屬於附加價值較高活動。有品牌，才能讓消費者對你的產品產生認同、對品質有信心，願意花更多的錢去購買；研發，也會讓你的產品有特色、更好用，消費者當然願意花更多的錢去購買；有特殊的或人性化的設計、出色的外觀，一樣會讓消費者花更多的錢去購買。這些都是透過知識創新而創造出來的附加價值。

如果用附加價值來觀察你的個人生涯；前面談過，用「薪資標準」來衡量的趨勢，已逐漸轉往「評估你所創造的價值」。除了奉公守法、恪遵本分地去完成你的任務，你還有其他價值提升的能力嗎？

以老闆的角度，託付一項任務給你，在期限內將它完成算是他的基本要求。如果能提早，你就已經創造了一些價值；如果提前完成，幫公司節省了一些成本，甚至還能再創造出額外的收益，那你的能力就有超高的附加價值。

老闆在聘僱人才時，總希望一個人能充當好幾個人用，如果你負責美工設計，英文程度也有一定水準，那你就不需要老闆幫你校稿，就幫他節省他一些時間成本；如果你直接可以跟國外客戶溝通，獨立完成包裝設計作業，不需老闆來操心，那你在他心目中就是一個更有附加價值的人。

如果你不了解如何創造自己的附加價值，最好多找機會與老闆溝通，問他所在意的價值是什麼，也許是創新能力、專業度、熟悉度、投入與熱情、人際關係、自我反省、自我學習、尊重包容與抗壓能力等；或者希望你能有國際觀、會第二外語、能有配合外派的彈性等。每個公司所重視的有同有異，你必須要花時間去了解。工作固然要努力，但方向正不正確絕對會影響你所產生出來的價值。

面對新時代挑戰的企業主，已經漸漸調整角度來評估調薪的基準。傳統以學歷、背景、資歷、證照等來做為調薪的基準，已逐漸被「創新能力、運用智慧資產的能力，以及創造附加價值的能力」所替代。

誰對環境有敏銳的覺察力、對資料有正確的評估力、對問題有適當的解決能力，誰能掌握及運用新資訊，結合現有專業知識加以創新，能帶領公司脫離微利的紅海市場，切入藍海市場……這些都是未來吸引企業主願意花較多薪資來雇用你的附加價值。

4.6 轉換工作，你準備好了嗎？

筆者開始從事土木業的那一年由於政府財政困難，許多公共建設計畫停擺，加上過去沒有實施容積率管制，建商搶建導致空屋率偏高，房價跌落，因此營造業整體陷入空前的不景氣流沙之中。翻開報紙，工作機會相當少。相對於政府有計畫扶植的電子業，從那時開始逐漸變成台灣最有競爭力的產業，多數資金也偏向於投資於相關產業，工作機會相對較多。

就待遇與福利而言，當年新竹科學園區的電子業帶動週休二日的風潮，股票分紅制度造就許多科技新貴，真是羨煞仍在土木業的我。自己當時每週休一天，每個月額外可以再有一天休假，比起其他同業，我們公司已經算是土木業中休假較多的。但就薪資方面，雖然起薪不會輸給電子業的新鮮人，但加上股票與分紅之後就相去甚遠。

就工作特性而言，土木業除了風吹日曬外，工地潛藏的危機相當多——工安事件時有所聞，多數的工地環境都是髒亂的，大部分的公司對於工地的衛生相當不注重。就知識創新程度來比較，土木業雖在材料工法上偶而有所突破與創新，但創新速度與密度遠不及電子業，實務界多墨守成規，不鼓勵創新的風氣。此外，個人覺得自己所做的工作內容可被替代的機率相當高。

經過多方的資料蒐集、比較，加深了我離開土木行業的決心。比較幸運的是，當時電子業才開始蓬勃發展，需才孔急，就業機會當多，透過貴人推薦，也就是我之前在土木業的一位同事（他比我先一步轉到電子業待一陣子），我順利地轉換了跑道。

其實回想起來，筆者當時的環境與時間點，對於轉換跑道而言並不是最大的問題。但如今回想起來，其他的問題，卻是當初沒有去認真思考與面對的：

你希望下一個工作是怎樣的？或者，你真的想要下一個工作嗎？

你了解你想轉換的行業與職位的特性嗎？

你有強烈的學習的意願，願意比本行業的人花更多時間在學習上嗎？

你是否能和新的上司和諧相處？

新的工作能否真正讓發揮你的專長？

新公司是否有發展前途？

轉換跑道對於家庭的衝擊，你是否有完善的配套措施？

理論上，要順利轉換跑道，除了蒐集相關的資訊之外，通常可以借重自己的人脈。朋友、家人、同事、供應商、客戶等，最好平常就與對方分享一些訊息，電子郵件是一個很好利用的工具。好好維護你的人脈資料庫，在有需要的時候請他們協助，或者發個電子郵件給相關的人，看看他們是否有任何工作機會。

你還可以和以前的老闆聯絡，看公司是否需要一些外部人力的協助，或是有沒有外包的工作機會，千萬不要因為自尊心作祟而不願求助。當然，要求助前老闆之前，必定是要有格調地離開公司，而不是與老闆不歡而散，這點也很重要。凡事要看得遠一點，如果你能和老東家維持一份好關係，他或許能幫助你找到下一個工作，或協助你開創新事業。

有時候，人總是失去後才懂得珍惜，大部分的老闆也都有這樣的人性弱點，沒有必要因為工作上的一些問題與歧見，而讓彼此關係變得勢不兩立。

再者找新工作，寫履歷和面試的技巧是很重要的，市面上有很多教人如何找工作與寫履歷的書籍，人力銀行也有很多範本可以參考。在此簡單提一些個人的心得：履歷、自傳在精不在多；履歷挑重點，表達個人能力、學歷與經歷的實際條件外，最好能數字化自己的豐功偉業，盡量用一頁就完整表達。在自傳中，將自己的人格特質、價值觀與應徵工作目的簡單扼要表達清楚即可。

全球化讓產業變化太迅速，擁有一個願意學習的心態會比本科畢業更重要，如果你已是專業，能虛心、積極學習更好。

面試之前最好預先想好口試主管會問的問題，並預先演練你的回答，把它當成一場辯論賽，預想對方會提哪些問題，你要如何切中這些問題的要點，當問題超出你能回答的範圍，你該運用哪些應變技巧。

每個職位都會有些合適的人格特質，在面試時你要能充分展示出自己符合這樣的特質；每個公司也都有強調與重視的價值觀，你必須了解這些核心價值，並向未來的主管表達你一樣能重視這些核心價值。

口是心非求出線，不代表你是積極進取。有些人在面試時會說他們對工作的時間不在意，即使天天加班都沒關係。但面試官其實認為，在公司需要加班時才加班，平時最好工作能在下班時間前完成；天天加班，可能代表平時工作缺乏效率。而不在乎薪資與股票（就科技業而言）也不合乎人的常情，這也表示這些應徵人員沒有誠實與積極的心態去面對自己的想法與需求，才會不在乎薪水及股票。

4.7 在職進修、技能訓練，趁不景氣沉潛練功

全球景氣不佳，在這多變的年代，大家對於職場技能的觀念，勢必也要改變。你賴以謀生的技能，有可能也會「折舊」。有些人想趁此時增加自己的職場競爭力，紛紛擠破頭「充電」一番，有這樣的想法是非常正面而積極的。

就拿醫生來說，或許有些人認為拿到醫生的執照，這一輩子靠它吃穿便無慮了，但這樣的觀念只對了一半。即使是醫療這個行業也仍脫離不了競爭這一塊，新的疾病不斷出現，新的醫療技術也不斷開發出來，醫院要提高整體的醫療技術，有機會都會讓醫生、護士去定期進修，學習新的醫療觀念與技術。

拿軟體研發人員而言，隨著作業系統不斷地更新，軟體發展也不斷地更新。過去只熟悉某種作業系統開發的人，面對全新的作業系統，就必須讓自己跟上時代的腳步。

現在有工作的人，是該趁這批不景氣，公司步調沒有如此繁忙的時候，好好地想一下，如何再加強自己的專業知識與技能；剛失去工作的人，先不要氣餒！失業也是個很好的警訊，它代表你的可替代性是比較高的。如果是非自願性離職的人，可以免費參加各個區域職訓局所開設的職業訓練課程，以培養自己的專業技能及第二專長。

現在由於失業者眾，很多人都希望花一些時間，運用政府的資源來培養自己的專業技能，當然，就業輔導中心也會用比較嚴格的標準，來過濾想參加職業訓練課程的人選。這時，你的參訓計畫書就很重要，你要知道自己參加的這個課程，它未來的就業方向如何？是怎樣的職位會需要具備這項技能？待遇如何？你過去的工作經驗與這樣的課程有如何的關聯性？如果沒有，那麼你曾經做了哪些努力與準備在這個領域上？在參訓計畫書上花些心思，比較有機會通過就業輔導諮詢師的篩選。

4.8 調整財務觀念

談個人財務管理的書都會告誡我們，平時就必須規劃保險或儲備風險基金，以備在突然失去工作能力或失業時，讓自己有足夠的保障。然而，近年來國內產業環境在大陸磁吸效應的影響之下，就業條件與薪酬狀況每況愈下，物價不斷漲，固定支出費用也不斷上漲。該漲的漲，唯獨薪水不漲，能省下錢來儲蓄或做投資，對於一般授薪階級而言真的相當艱難。

授薪族最熟悉的稱號就是「月光族」，每個月領完薪資後，貸款、信用卡、電話費及其他帳單繳完後，這個薪水月就花光了，搞不好還負債。

說真的，我們身邊有太多吸引你掏出錢來消費的誘惑。當你看電視、上網、搭公車、捷運，多少廣告圍繞你的周圍，它們費盡心思要打動你掏錢出來；走在五光十色的街道，精美的櫥窗，典雅的裝潢，讓你眼睛一亮的精美商品，稍不克制，就會大包小包提回家，但有些東西買回去後，使用的頻率卻很低。

其實，筆者不反對大家要多消費，消費是促進經濟發展的必要元素，但過度消費是財務問題的根源，如果你仍無法進階到計畫性消費，至少要能節制自己的消費欲望。尤其在使用信用卡時要謹慎，盡量做你能力所及的必要消費。

美國人過度消費與舉債消費的狀況相當普遍，美國的龐大消費力也因而成為帶動全世界經濟成長的重要動能。然而，此次金融海嘯侵襲後，失業問題也引爆了許多信用問題，如此更造成銀行的壞帳高築。

經歷金融海嘯之後，大家可能都要被迫去調整自己的財務觀念。過去像蝴蝶般大肆揮霍的消費習慣，必須修正到像蜜蜂一樣，有定時定額儲蓄的習慣，以儲備過冬的本錢。在景氣好時，開源比較重要，而在景氣不好時，節流更重要。

這一波金融海嘯掃到的，不只是窮人和一般薪水階級，就連儲蓄戶與大幅投資者也受到很大的衝擊。尤其持有次貸相關衍生性金融商品的投資戶受傷得最為慘重，很多人的財富因此大幅縮水。所以，這個時候也是讓我們開始去學習審慎理財的時機，也得開始學會「不要盲目投資」。

4.9 簡單也是一種幸福

過去曾聽學長講過一則有趣的故事。話說交大電子有一群優秀的同學，這群菁英在畢業幾十年後，已經遍在各個產業領域中，成為傑出的高階主管；他們不但職銜響亮，還享受著豐厚的薪資與待遇。有一天，老李發起要開個久別後的同學會，約好在某個餐廳吃飯聯絡感情。當天，餐廳外面，彷如名車車展，停了一堆價值不菲的名車，來參加的同學不是西裝筆挺，就是全身名牌，相當引人側目。當同學們在餐廳久別重逢，互相寒暄問暖，氣氛相當熱絡時，有一個開著普通款車子，穿著運動服的老謝姍姍來遲。一到會場，同學們忙著跟老謝要名片，一看到老謝拿出來的名片竟是果汁店店長，眾人頓然陷入疑惑中，認為老謝在開他們玩笑，這時老謝才娓娓道來自己的心路歷程。

老謝說十幾年前，自己也在電子業打拚；做到公司的協理後，壓力更重，日夜除了忙碌還是忙碌，家庭生活不但受影響，健康也每況愈下。兩年過去，竟得到猛爆型肝炎，醫生告訴他再不休息，會有更嚴重的後果。於是，他決定先放下工作，放空一陣子。在離開公司前的聚會，他的下屬告訴他，原來自己是個完美主義者，許多事情為了要做到最好，花費了相當多的心思，加上電子業技術日新月異，要了解新技術、新市場與新機會，也要花費相當多的時間，下屬們希望他能好好休養身體，再找個壓力比較小的工作。休息了一段時間，與老婆討論後，他決定開一家果汁店，希望帶健康給自己，也帶給別人；雖然收入少了點，但是每天早晨都可以去運動，作息也很正常，與家人共處的時間也變多了。目前他身體相當健康，生活得相當充實。

聽完了老謝的故事，這些每天在高壓環境、每天行程滿檔且要接受很多挑戰的同學們，個個反過來羨慕老謝的生活型態。

這個故事看來平凡，要你真正照著做卻很難。很多人無法放棄的面子問題，認為多金、開名車才是好生活，如果是你，那個同學會你會參加嗎？

有捨才有得，放棄更多的欲望之後，才能享有更多的幸福；你真的享受過與家人共處的快樂時光嗎？你有多久沒有真正體會山林之美？追逐金錢、物質、權位的壓力是否奪走你所有的心思與健康？請你再好好想一想吧！

4.10 人生尚未結束，要有堅持到底的精神

有個寓言故事挺能說明「堅持到底，終致成功」這個理念。

很久以前，有個神仙用夢境告知一大群青蛙，在遙遠的一座高山頂上，藏有一本寶典，得到寶典的青蛙就可以成為青蛙國國王，享盡權力與富貴。

隔天大批的青蛙聚集在一起議論紛紛，大家聚集在廣場上，彼此討論說做了同樣的夢，當然，有些青蛙認為這只是夢，並沒有開始行動。不過，仍有一部分的青蛙，做了準備之後，出發前往。在攻頂的過程當中，相當艱辛，天敵環伺，還有惡劣天候和艱險地形，面對這些險阻，這些群起而行的青蛙，紛紛相互耳語，負面消極不斷在群體之間流竄。

青蛙一隻接著一隻在路途中紛紛打退堂鼓，放棄追逐夢想，唯獨一隻青蛙仍勇往直前，不顧流言紛擾。在九死一生的攻頂過程之後，這隻青蛙果真拿到了寶典下山，

所有青蛙也都將牠視為神的代言人，拱牠成為青蛙國的國王。後來，當大家紛紛以崇拜的眼神及心態，要來恭賀與巴結這隻蛙王時，才發現原來蛙王是聾子，患有聽覺障礙的毛病。

這雖然是很簡單的一個故事，卻很明確的點出一個重點：人生還沒走到終點之前，沒有誰有權力對你的生涯成敗做出一個定論。

很少人會一生順遂沒有波折。然而，成功者的特質中，最重要的就是「堅持到底」的精神。如果你走上創業之路，更能體會這個故事所訴說的意涵。

度過艱辛的創業期後，必可嚐到甜美果實，是創業者深信的一個信仰。然而，在踏入創業路之後，如同那群青蛙一樣，許多人便開始懷疑「成功，只是神話」。很多創業者在市場出現契機時，爭相投入、競逐大餅，但卻在遇到重重困難之後，開始打退堂鼓，唯有能克服艱難，堅持到底的人，才能成為最後的贏家。

這裡要呼籲遇到裁員、減薪的朋友，以及畢業即失業的年輕人，千萬不要再怨天尤人，也不要怪自己投票選錯政黨。你應該做的，是將心思集中在「如何找到下一個人生方向」上，並付出更多的努力，等待景氣反轉之後的彈跳契機。

要相信上天的安排，現在要忍受的痛苦是短暫的。相信以你的能力，絕對可以安然渡過難關。然而，這一段時間也是最關鍵的，你必須努力找到自己的出口，困難與挑戰在你生涯中是永無停歇的，堅持到底，你一定可以實現夢想，活出另一波競爭力。

後記・難以預料的人生

人生是很多變數的組合，是很多抉擇加在一起的結果，說實在，人們很難預測下一秒鐘會發生什麼樣的事情。就像很多專家無法正確預測全球景氣何時反轉一樣，也沒有一個算命師可以精確預測你的人生軌跡。

很多企業會做完整的計畫，基本上，他們都是根據過去的業務狀況，加上業務預計成長的比例來推估，在大多數的狀況下，最後的結果不會偏離預計的狀況太多。當然，如果銷售量高於預期，就皆大歡喜；但是如果銷售狀況不如預期，大多也在可以接受的範圍。然而，當大環境因素影響很強時，計畫就趕不上變化，甚至會出現難以應變的狀況，就像次貸風暴所帶來的快速衝擊一樣。

很多國際知名銀行與企業紛紛調降財測，甚至裁員、減薪、放無薪假，這些狀況在年度計畫中是始料未及的。在企業面是如此，在政治面也無法脫離這樣的衝擊；回顧韓國，以及我們二〇〇八年的總統大選，以經濟議題為訴求的候選人，均背負著人民的期待風光當選。然而，在就任後面對嚴峻的國際經濟狀況，誰也都無法立竿見影，扭轉乾坤，使得選舉開出的經濟成長支票紛紛跳票。

通常，每個人對於自己的人生也都有一套計畫——計畫在黃金歲月時，默默辛苦工作，為公司焚膏繼晷，在組織裡穩定地升遷，同時積極投資理財，以累積未來退休的財富。然而，人生的變數實在很多，一場災難，奪走了家人的生命；一場大病，使自己失去了寶貴的健康；一場金融風暴讓自己的財富縮水，原先的累積幾乎回到了原點；有的甚至連公司都倒閉，失去了經濟的來源。

過去，我們所信仰的生涯發展軌跡，在這多變的年代，似乎不再是一項鐵則，我們得要有更新的觀念，還要肯低頭再次學習，才能面對新世紀嚴苛的生存條件與生涯規劃，再造競爭力。

附錄

附錄一

・活動一：人格特質探索

（節錄自羅文基《生涯規劃與發展》）

以下的問題，可以幫助你探索自己的人格類型。請花一些時間思考，如果它符合你個人特質的描述，請在項目前打勾（✓）；如果不是很符合你個人特質的描述請劃叉（X），如果不是很確定則劃個問號（？）。

1. 強壯而敏捷的身體對我很重要。
2. 我必須徹底地了解事情的真相。
3. 我的心情受到音樂、色彩、寫作、和美麗事物的影響極大。
4. 和他人的關係豐富了我的生命並使它有意義。

5. 我自信會成功。
6. 我做事時必須有清楚的指引。
7. 我擅長於自己製作、修理東西。
8. 我可以花很長的時間去想通事情的道理。
9. 我重視環境的美麗。
10. 我願意花時間幫別人解決個人危機。
11. 我喜歡競爭。
12. 我在開始一個計畫前會花很多時間去計畫。
13. 我喜歡使用雙手做事。
14. 探索新構思使我滿意。
15. 我總是尋求新方法來發揮我的創造力。
16. 我認為能把自己的焦慮和別人分享是很重要的。
17. 成為群體中的關鍵人物，對我很重要。
18. 我對於自己能重視工作中的所有細節感到驕傲。
19. 我不在乎工作時把手弄髒。

20. 我認為教育是個發展及磨練腦力的終生學習過程。
21. 我喜歡非正式的穿著，嘗試新顏色和款式。
22. 我常能體會到某人想要和他人溝通的需要。
23. 我喜歡幫助別人自我改進。
24. 我在做決策時，通常不願冒險。
25. 我喜歡購買小零件，做成成品。
26. 有時我可以長時間的閱讀、玩拼圖遊戲、或冥想生命的本質。
27. 我有很強的想像力。
28. 我喜歡幫助別人發揮天賦和才能。
29. 我喜歡監督事情的完工。
30. 如果我將處理一個新情境，我會在事前做充分的準備。
31. 我喜歡獨立完成一個活動。
32. 我渴望閱讀或思考任何可以引發我好奇心的事物。
33. 我喜歡嘗試創新的概念。
34. 如果我和別人發生磨擦，我會不斷地嘗試化干戈為玉帛。

35. 要成功，就必須高懸目標。
36. 我不喜歡為重大決策負責。
37. 我喜歡直言無諱、避免轉彎抹角。
38. 我在解決問題前，必須把問題徹底分析過。
39. 我喜歡重新佈置我的環境，使它們與眾不同。
40. 我經常藉著和別人的交談來解決自己的問題。
41. 我常起始一個計畫，而由別人完成細節。
42. 準時對我而言非常重要。
43. 從事戶外活動令我神清氣爽。
44. 我會不斷地問：為什麼？
45. 我喜歡自己的工作能夠抒發我的情緒和感覺。
46. 我喜歡幫助別人找出可以互相關注其他人的方法。
47. 能夠參與重大決策是件令人興奮的事。
48. 我經常保持整潔、有條不紊的習慣。
49. 我喜歡週遭環境簡單而實際。

50. 我會不斷地思索一個問題，直到找出答案為止。
51. 大自然的美深深地觸動我的靈魂。
52. 親密的人際關係對我很重要。
53. 升遷和進步對我是極重要的。
54. 當我把每日工作計畫好時，我會較有安全感。
55. 我非但不害怕過重的工作負荷，並且知道工作的重點是什麼。
56. 我喜歡使我思考、給我新觀念的書。
57. 我期望能看到藝術表演、戲劇和好電影。
58. 我對別人的情緒低潮相當敏感。
59. 能影響別人使我感到興奮。
60. 當我答應做一件事時，我會竭盡所能地監督所有細節。
61. 粗重的肢體工作不會傷害任何人。
62. 我希望能學習所有使我感興趣的科目。
63. 我希望能做些與眾不同的事。
64. 我對於別人的困難樂於伸出援手。

65. 我願意冒一點危險以求進步。
66. 當我遵循成規時，我感到安全。
67. 我選車時，最先注意的是好的引擎。
68. 我喜歡能刺激我思考的對話。
69. 當我從事創造性事物時，我會忘掉一切舊經驗。
70. 我對於社會上有許多人需要幫助，感到關注。
71. 説服別人依計畫行事是件有趣的工作。
72. 我很擅於檢查細節。
73. 我通常知道如何應付緊急事件。
74. 閱讀新發現是件令人興奮的事。
75. 我喜歡美麗、不平凡的事。
76. 我經常關懷孤獨、不友善的人。
77. 我喜歡討價還價。
78. 我花錢時小心翼翼。
79. 我用運動來保持強壯的身體。

80. 我經常對大自然的奧秘感到好奇。
81. 嘗試不平凡的新事物是件相當有趣的事。
82. 當別人向我訴説他的困難時，我是個好聽眾。
83. 做事失敗了，我會再接再厲。
84. 我需要確切地知道別人對我的要求是什麼。
85. 我喜歡把東西拆開，看是否能夠修理它們。
86. 我喜歡研讀所有事實，再有邏輯性地做決定。
87. 沒有美麗事物的生活，對我而言是不可思議的。
88. 人們經常告訴我他們的問題。
89. 我常能藉著資訊網路和別人取得聯繫。
90. 小心謹慎地完成一件事，是件有成就感的事。

計分：下表中的數字代表上列人格類型測驗中的題號。請將你的答案填進數字旁邊。

實際型	探究型	藝術型	社會型	企業型	事務型
1	2	3	4	5	6
7	8	9	10	11	12
13	14	15	16	17	18
19	20	21	22	23	24
25	26	27	28	29	30
31	32	33	34	35	36
37	38	39	40	41	42
43	44	45	46	47	48
49	50	51	52	53	54
55	56	57	58	59	60
61	62	63	64	65	66
67	68	69	70	71	72
73	74	75	76	77	78
79	80	81	82	83	84
85	86	87	88	89	90

算出每種類型打勾項目的總數，並將它填在下面的格子中：

實際型	探究型	藝術型	社會型	企業型	事務型

將上述分數，從最高到最低，依次排好，將六種類型填在下面的格子中：

第一高分	第二高分	第三高分	第四高分	第五高分	第六高分

算出每種類型打叉「X」項目的總數，並將它填在下面的格子中：

實際型	探究型	藝術型	社會型	企業型	事務型

如果考慮打問號「？」的項目，是否會變更上述積分而改變你原有的人格類型？

附錄二

（節錄自史帝芬・瑞斯《我是誰？》）

・活動二：了解你的欲望剖面

藉由十六種欲望，評定對你的重要程度，可以描繪出個人的欲望剖面圖，讓你了解哪些欲望對你非常重要，哪些欲望對你不重要，你便可以針對這些欲望做出調整，使工作、家庭生活、人際關係、休閒娛樂活動等等，都能充分實現；或者避開它們。

在回答下列各問題時，同時也把你的答案記錄在本活動後的表格中，並繪製你個人的欲望剖面圖表。

在底下的表格中，第一欄代表每一個欲望群組，如果第二欄的狀況描述符合你平常的狀況，那麼所對應的第三欄，表示此欲望對你而言是「非常重要」；反之，此欲望對你而言是「不重要的」。如果描述的狀況對你而言，都不是很符合，表示此欲望對你而言是屬於「中等重要的」。

欲望群組	狀況描述	群組評價
權力	與同年齡的人比較，你具有較大的野心。	非常重要
	你通常會爭取領導者的位置。	非常重要
	與同年齡的人同處在社交情境中，你通常是主導者。	非常重要
	同年齡的人比較，你顯然只具有較小的野心。	不重要
	一般而言，你在社交情境中通常是比較順服的。	不重要
獨立	你通常會拒絕他人的忠告或指導。	非常重要
	對你的幸福而言，能夠自信是必要的。	非常重要
	與同年齡的人比較，你顯然更心繫自己的配偶或伴侶。	不重要
	你不喜歡凡事得靠自己來的處境。	不重要
好奇	你具有求知的渴望。	非常重要
	與同儕比較，你常會問較多的問題。	非常重要
	你常常思考：什麼才是真實的。	非常重要
	你不喜歡需要動腦的活動。	不重要
	你很少提出問題。	不重要
接納	通常會為自己設定輕易的目標。	非常重要
	你是個容易放棄的人。	非常重要
	對你而言，妥善處理他人的批評是非常困難的。	非常重要
	你對自己很有信心。	不重要
	你對於批評的處理，顯然比大多數人還好。	不重要
秩序	你顯然比大多數人更有組織。	非常重要
	你有許多的原則，並且會盡量虔敬地遵循。	非常重要
	你喜歡把事物清理乾淨。	非常重要
	你的辦公室或工作場所總是一團亂。	不重要
	你討厭計畫事情。	不重要

欲望群組	狀況描述	群組評價
囤積	你是個收藏家。	非常重要
	你是個守財奴。	非常重要
	和其他人比較，你顯然對自己的荷包看得較緊。	非常重要
	你是個花錢大方的人。	不重要
	你很少會節約任何東西。	不重要
榮譽	就別人對你的認識，你是個很有原則的人。	非常重要
	就別人對你的認識，你是個非常忠誠的人。	非常重要
	你相信每個人的所作所為都是為了自己。	不重要
	你對道德並不很在乎。	不重要
理想主義	你會為了社會或人道的原因作出個人的犧牲。	非常重要
	你固定會在社區或其他服務機構擔任義工。	非常重要
	你常會慷慨的捐助需要幫助的人。	非常重要
	大致上，你很少注意社會上發生的事。	不重要
	你對慈善機構並不信任。	不重要
社交接觸	你覺得自己需要被許多人環繞著，才能夠得到快樂。	非常重要
	在別人眼中，你是個喜愛歡樂的人。	非常重要
	你是個需要隱私的人。	不重要
	你討厭宴會。	不重要
	除了家人與親近的朋友，你並不會很在乎其他人。	不重要
家庭	扶養孩子對你的幸福是必要的。	非常重要
	與你認識的父母比較，你花在孩子們身上的時間較多。	非常重要
	你發現為人父母或這樣的念頭，大致上是很累人的。	不重要
	你曾經放棄過孩子。	不重要

欲望群組	狀況描述	群組評價
地位	你幾乎只想買最好或最貴的東西。	非常重要
	你常買一些東西只為了讓別人印象深刻。	非常重要
	你花很多時間，設法獲得或維持某些具聲望的社團或組織的成員身分。	非常重要
	你通常不大介意別人怎樣看待你。	不重要
	與大部分你認識的人比較，財富對你的吸引力顯然小很多。	不重要
	上層階級的地位與皇室，一點也不會讓你印象深刻。	不重要
報復	你很難控制自己的憤怒。	非常重要
	你是個具攻擊性的人。	非常重要
	你喜歡競爭。	非常重要
	你會花很多時間尋求報復。	非常重要
	你對憤怒的感受比大多數人遲緩。	不重要
	遭侮辱或冒犯時，你通常會「看開一點」。	不重要
	你不喜歡競爭的情境。	不重要
浪漫	與其他同年齡你認識的人比較，你花非常多時間追求浪漫。	非常重要
	你有輝煌的性經歷和對象。	非常重要
	你不太能控制自己的性衝動。	非常重要
	與大多數你認識的人比較，你花較多的時間欣賞美麗的人事物。	非常重要
	你只花很少的時間追求或思考有關於性的事。	不重要
	你認為性是噁心的。	不重要

欲望群組	狀況描述	群組評價
進食	與其他同年齡的人比較，你花非常多的時間吃東西。	非常重要
	與其他同年齡你認識的人比較，你花非常多的時間節食。	非常重要
	你從來不會為了體重煩惱。	不重要
	你很少會吃下過量的食物。	不重要
體能活動	你一直有規律的運動習慣。	非常重要
	從事某種運動，是你生活中很重要的一部分。	非常重要
	你有過懶得活動的記錄。	不重要
	你有久坐的習慣。	不重要
平靜	以下四項焦慮感受度指標中，至少有兩項是你很有同感的： 1. 當我覺得自己在「發抖」(顫慄)時，讓我感到很害怕。 2. 當我心跳急促時，讓我感到很害怕。 3. 當我注意到自己心跳異常加速時，我擔心自己可能會心臟病發作。 4. 當我的胃發出咕嚕聲時，會讓我很尷尬。	非常重要
	你有過反覆恐慌症發作的記錄。	非常重要
	大致上你是個膽小畏懼的人。	非常重要
	你是個勇敢的人。	不重要
	與同儕比較，你顯然較不容易害怕。	不重要

基本欲望紀錄表

在表格中，填入你對上述十六項基本欲望程度高低的評價，同時分析你想知道的其他對象的評價結果。上述的狀況描述相對於你的評價結果，請用下列代號來記錄：

非常重要→V

中等重要→A

不重要→L

欲望群組	範例	我	我的伴侶	我的雇主
權力	A			
獨立	V			
好奇	V			
接納	L			
秩序	A			
囤積	L			
榮譽	L			
理想主義	L			
社交接觸	L			
家庭	A			
地位	A			
報復	V			
浪漫	L			
進食	L			
體能活動	A			
平靜	L			

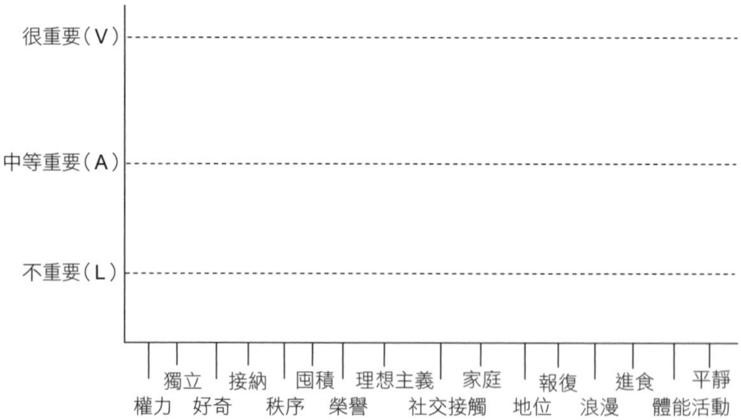
很重要（V）
中等重要（A）
不重要（L）
權力
獨立
好奇
接納
秩序
囤積
榮譽
理想主義
社交接觸
家庭
地位
報復
浪漫
進食
體能活動
平靜

你的欲望剖面圖

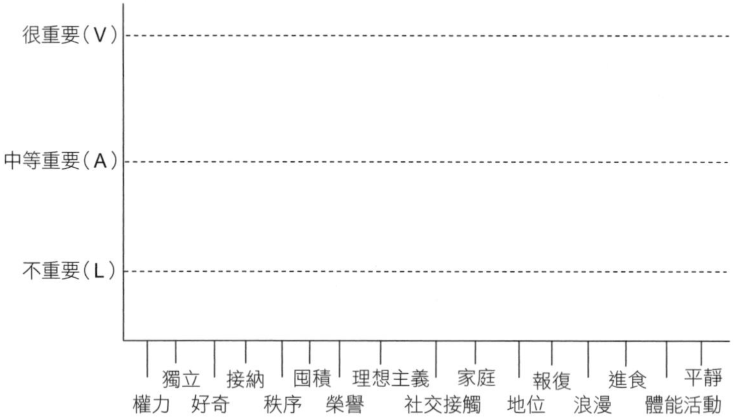

你想分析對象的欲望剖面圖

附錄三

為了因應全球金融海嘯所帶來的就業市場衝擊，政府從九十七年七月起協調各部會推出許多促進就業措施，並成立跨部會因應失業專責小組，整合各部會人力及資源，以加速執行各項搶救失業方案。

針對失業勞工、弱勢族群，政府提供九大項協助：

一、**社會保險（勞保局 02-2396-1266；健保局 0800-030598）**

失業給付

失業勞工及眷屬健保費補助

中低收入及身障者國民保險費補助

二、**就業服務（勞委會 0800-777-888）**

立即上工

97至98年短期促進就業措施

98至101年促進就業方案

三、職業訓練（勞委會0800-777-888）

職訓費用補助

職業訓練生活津貼

四、創業輔導（勞委會0800-092-957）

低利貸款

微型創業鳳凰貸款

青創貸款輕鬆貸

農民經營改善貸款

原住民綜合發展基金

創業諮詢輔導

創業培訓課程

五、子女協助（勞委會 02-8590-2811、02-8590-2807；教育部 02-7736-6336）

提供工讀機會

補助國中小學生午餐費（教育部）

補助國中小學生代收代辦費（教育部）

補助學費

高中職以上學生就學貸款（教育部）

六、住宅協助（內政部 02-8771-2863；金管會 02-8968-9999）

購置住宅優惠貸款

租金補貼

積欠本息寬緩處理

購置住宅貸款借款期限延長

七、社會救助（內政部專線 1957；並可洽各縣市政府）

馬上關懷

低收入戶生活扶助

福利諮詢

八、心理調適

電話諮詢服務

關懷訪視服務

立即關心計畫

九、勞工法律扶助（勞委會 02-8590-2829；全國法扶 02-6632-8282）

勞資爭議法律扶助

生活費用補助（大量解僱勞工保護法）

相關資訊入口網頁：http://www.cla.gov.tw/cgi-bin/SM theme?page= 49ab456b

參考文獻

1. 1111人力銀行編輯小組，《名人小傳—戴勝益》，1111人力銀行網站。
2. Bridget A. Wright著，《成功的職業生涯規劃》，李晶，丁躍華譯，方智出版社，1995年初版。
3. Brian O'Connell著，丁惠民譯，《快樂工作人求生之道：輕鬆提高職場競爭力，讓你工作快樂又自信》(The Career Survival Guide)，美商麥格羅希爾國際股份有限公司台灣分公司，2003年8月。
4. Keith Luscher著，陳竑寬譯，《生涯規劃step-by-step：設計自己成功的未來》(Don't wait until you graduate!)，都會脈動文化事業有限公司，2000年。
5. Steven Reiss著，劉士豪、黃芳田譯，《我是誰？》(Who am I? / The 16 basic desires that motivate our behavior and define our personality)，遠流出版社，2002年初版。
6. T.Harv Eker著，陳佳伶譯，《有錢人想的和你不一樣》(Secrets of the Millionaire Mind)，大塊文化，2005年。
7. 大前研一著，《工作雞湯I,II縱橫21世紀職場的成功祕訣》(Pathfinder Salary man Survival)，天下雜誌股份有限公司，2002年12月20日。
8. 大前研一著，《看不見的新大陸—知識經濟的四大策略》(The Invisible Continent-Four Strategies Imperatives of the New Economy)，天下雜誌股份有限公司，2002年3月10日。

9. 余朝權著，《生涯規劃：圓一個人生大夢》，華泰文化事業股份有限公司，1999 年 8 月初版。
10. 余朝權著，《新世紀生涯發展智略》，五南圖書出版事業股份有限公司，2002 年 2 月初版。
11. 李誠，《盡快就業、不挑工作、建立人脈，彈性職業生涯時代的來臨》，聯絡家網站，2008 年 6 月。
12. 李櫻穗、林育鴻著，《美國次級房貸風暴對國際經濟之影響》，空大學訊，2008 年 5 月。
13. 堀義人著，謝明宏譯，《美夢成真的生涯規劃》，中國生產力中心，1998 年初版。
14. 游伯龍著，《HD 習慣領域：IQ 和 EQ 沒談的人性軟體》，時報出版公司，1998 年初版。
15. 游伯龍、羅偉倫著，《限制理論和習慣領域》，交通大學管理學院碩士論文，2007 年 1 月。
16. 陳啟勳著，《如何協助學生規劃生涯》演講稿，1999 年 4 月 2 日。
17. 陳美菊著，《次級房貸風暴對全球經濟之影響》，經濟研究第八期，2008 年。
18. 潘勛著，《中年危機憂鬱 44 歲 U 形人生谷底》，中時電子報，2008 年 1 月 30 日
19. 羅文基，朱湘吉，陳如山著，《生涯規劃與發展》，國立空中大學，1991 年初版。
20. 蔡躍蕾、張偉著，《史海回眸：羅斯福新政復興美國》，人民網，2002 年 3 月 21 日。

活出競爭力
讓未來再發光的4堂課

作　　者　黃麒倫

發 行 人　林敬彬
主　　編　楊安瑜
編　　輯　蔡穎如
內頁編排　帛格有限公司
封面設計　Chris'Office

出　　版　大都會文化事業有限公司　行政院新聞局北市業字第89號
發　　行　大都會文化事業有限公司
110台北市信義區基隆路一段432號4樓之9
讀者服務專線：(02)27235216
讀者服務傳真：(02)27235220
電子郵件信箱：metro@ms21.hinet.net
網　　　址：www.metrobook.com.tw

郵政劃撥　14050529 大都會文化事業有限公司
出版日期　2010年1月初版一刷
定　　價　220元
ISBN　978-986-6846-80-9
書　　號　Success-043

First published in Taiwan in 2010 by
Metropolitan Culture Enterprise Co., Ltd.
4F-9, Double Hero Bldg., 432, Keelung Rd., Sec. 1,
Taipei 110, Taiwan
Tel:+886-2-2723-5216　Fax:+886-2-2723-5220
E-mail:metro@ms21.hinet.net
Web-site:www.metrobook.com.tw

國家圖書館出版品預行編目資料

活出競爭力：讓未來再發光的4堂課 / 黃麒倫著.
-- 初版. -- 臺北市：大都會文化, 2010. 01
面； 公分. -- (Success ; 043)

ISBN 978-986-6846-80-9 (平裝)

1. 職場成功法　2. 生涯規劃

494.35　　98018755

大都會文化 讀者服務卡

書名：**活出競爭力 —讓未來再發光的4堂課**

謝謝您選擇了這本書！期待您的支持與建議，讓我們能有更多聯繫與互動的機會。

A. 您在何時購得本書：______年______月______日

B. 您在何處購得本書：___________書店，位於___________(市、縣)

C. 您從哪裡得知本書的消息：

1.□書店 2.□報章雜誌 3.□電台活動 4.□網路資訊

5.□書籤宣傳品等 6.□親友介紹 7.□書評 8.□其他

D. 您購買本書的動機：（可複選）

1.□對主題或內容感興趣 2.□工作需要 3.□生活需要

4.□自我進修 5.□內容為流行熱門話題 6.□其他

E. 您最喜歡本書的：（可複選）

1.□內容題材 2.□字體大小 3.□翻譯文筆 4.□封面 5.□編排方式 6.□其他

F. 您認為本書的封面：1.□非常出色 2.□普通 3.□毫不起眼 4.□其他

G. 您認為本書的編排：1.□非常出色 2.□普通 3.□毫不起眼 4.□其他

H. 您通常以哪些方式購書：(可複選)

1.□逛書店 2.□書展 3.□劃撥郵購 4.□團體訂購 5.□網路購書 6.□其他

I. 您希望我們出版哪類書籍：（可複選）

1.□旅遊 2.□流行文化 3.□生活休閒 4.□美容保養 5.□散文小品

6.□科學新知 7.□藝術音樂 8.□致富理財 9.□工商企管 10.□科幻推理

11.□史哲類 12.□勵志傳記 13.□電影小說 14.□語言學習（_____語）

15.□幽默諧趣 16.□其他

J. 您對本書(系)的建議：

K. 您對本出版社的建議：

讀者小檔案

姓名：______________ 性別：□男 □女 生日：____年____月____日

年齡：□20歲以下 □21～30歲 □31～40歲 □41～50歲 □51歲以上

職業：1.□學生 2.□軍公教 3.□大眾傳播 4.□服務業 5.□金融業 6.□製造業

7.□資訊業 8.□自由業 9.□家管 10.□退休 11.□其他

學歷：□國小或以下 □國中 □高中／高職 □大學／大專 □研究所以上

通訊地址：________________________________

電話：（H）______________ （O）______________ 傳真：______________

行動電話：______________ E-Mail：______________________

◎謝謝您購買本書，也歡迎您加入我們的會員，請上大都會文化網站 www.metrobook.com.tw 登錄您的資料。您將不定期收到最新圖書優惠資訊和電子報。

活出
競爭力
讓未來再發光的4堂課

北 區 郵 政 管 理 局
登記證北台字第9125號
免 貼 郵 票

大都會文化事業有限公司

讀 者 服 務 部 收

110台北市基隆路一段432號4樓之9

寄回這張服務卡〔免貼郵票〕
您可以：
◎不定期收到最新出版訊息
◎參加各項回饋優惠活動

大都會文化
METROPOLITAN CULTURE

大都會文化
METROPOLITAN CULTURE